Starthilfe
Strömungslehre

Von Prof. Dr.-Ing. habil. Hans Karl Iben
und Dr. rer. nat. Uwe Iben
Otto-von-Guericke-Universität Magdeburg

B.G.Teubner Stuttgart · Leipzig 1999

Prof. Dr.-Ing. habil. Hans Karl Iben

Geboren 1936 in Hirschberg/Riesengebirge. Von 1953 bis 1956 Fachschulstudium für Kfz-Bau in Zwickau. Anschließend bis 1962 Studium des Maschinenbaues an der TH Dresden in der Vertiefungsrichtung Strömungstechnik bei Herrn Prof. Dr.-Ing. Dr. h. c. mult. W. Albring. Ab 1962 Assistent an der TH Magdeburg am Institut für Strömungsmaschinen und Strömungstechnik bei Herrn Dr. phil. et. Dr.-Ing. R. Irrgang. 1967 Promotion. Von 1967 bis 1968 Zusatzstudium am Energetischen Institut in Moskau bei Herrn Prof. Dr. Deitsch. 1969 Oberassistent am Institut für Strömungsmaschinen und Strömungstechnik der TH Magdeburg. Ab 1970 Hochschuldozent für Gasdynamik an der TH Magdeburg. 1974 Habilitation. 1993 Berufung als Apl. Professor für Strömungslehre an der Otto-von-Guericke-Universität Magdeburg am Institut für Strömungstechnik/Thermodynamik.
E-Mail: hans.iben@masch-bau.uni-magdeburg.de

Dr. rer. nat. Uwe Iben

Geboren 1967 in Magdeburg. Von 1989 bis 1993 Studium der Mathematik an der TU Dresden mit dem Abschluß als Dipl.-Math. In dieser Zeit Stipendiat der Hanns-Seidel-Stiftung. Von Oktober 1993 bis November 1997 Promotionsstipendium an der TU Dresden am Institut für Numerik. 1994 ein viermonatiger Aufenthalt am Center of Approximation Theory, A&M University of Texas/USA. 1996 ein zweimonatiger Aufenthalt am Forschungsinstitut SINTEF/Norwegen. Im Januar 1998 Promotion zum Dr. rer. nat. an der TU Dresden. Seit November 1997 Postdoktorand am Institut für Analysis und Numerik der Otto-von-Guericke-Universität Magdeburg im DFG-Schwerpunktprogramm Analysis und Numerik von Erhaltungsgleichungen.

Die Deutsche Bibliothek – CIP-Einheitsaufnahme

Iben, Hans Karl:
Starthilfe Strömungslehre / von Hans Karl Iben und Uwe Iben. –
Stuttgart ; Leipzig : Teubner, 1999
  ISBN-13:978-3-519-00263-5   e-ISBN-13:978-3-322-80015-2
  DOI: 10.1007/978-3-322-80015-2

Das Werk einschließlich aller seiner Teile ist urheberrechtlich geschützt. Jede Verwertung außerhalb der engen Grenzen des Urheberrechtsgesetzes ist ohne Zustimmung des Verlages unzulässig und strafbar. Das gilt besonders für Vervielfältigungen, Übersetzungen, Mikroverfilmungen und die Einspeicherung und Verarbeitung in elektronischen Systemen.
© 1999 B.G.Teubner Stuttgart · Leipzig

Umschlaggestaltung: Peter Pfitz, Stuttgart

H. K. Iben / U. Iben

Starthilfe
Strömungslehre

Vorwort

Die vorliegende Starthilfe richtet sich an Studierende an Universitäten und Fachhochschulen, die sich erstmalig mit Strömungslehre beschäftigen. Erfahrungsgemäß gehört die Strömungslehre zu jenen Studienfächern, die häufig Startschwierigkeiten bereiten. Das liegt einerseits daran, daß sich Strömungsvorgänge in der Atmosphäre, so z.B. um Kraftfahrzeuge, weitestgehend dem Auge des Betrachters entziehen und so die praktische Erfahrung mit ihnen fehlt. Zum anderen werden Strömungen durch partielle nichtlineare Differentialgleichungen beschrieben, deren mathematische Behandlung auch bei starker Vereinfachung ein gewisses Maß an mathematischen Fertigkeiten erfordert.
Diese Starthilfe soll dem Studenten den Einstieg in die Strömungslehre erleichtern. Im Unterschied zu einem umfassenden Lehrbuch, das eine vollständige Darstellung des zu vermittelnden Lehrstoffes enthalten sollte, wird hier das erforderliche Grundlagenwissen knapp, von überflüssigem Beiwerk befreit, aber für das Verständnis ausführlich genug erläutert. Besondere Aufmerksamkeit haben wir auf die ausführliche Darstellung der Erhaltungsgleichungen der Fadenströmung und auf ihre Anwendungen gelegt. Auf die ausführliche Darstellung der reibungsbehafteten Rohrströmung wurde verzichtet. Dieses Anwendungsgebiet kann sich der Leser, der die Grundgleichungen verstanden hat, ohne Mühe im Selbststudium erschließen. Grundkenntnisse in der Thermodynamik werden vorausgesetzt, siehe hierzu auch die „Starthilfe Thermodynamik" [IS99].
Die weiterführenden Zusammenhänge sind den im Literaturverzeichnis aufgeführten Büchern zu entnehmen. Empfohlen werden vor allem: [Al88, Sp89, Tr89, MO94]. Zahlreiche Übungsbeispiele enthält der Band „Strömungslehre in Fragen und Aufgaben" [Ib97].
Unser Dank gilt Herrn Prof.Dr.-Ing.habil. W. Lilienblum, Fachhochschule Magdeburg, für seine wertvollen Anregungen und Hinweise. Dem Teubner-Verlag, insbesondere Herrn J. Weiß, danken wir für die angenehme und sehr gute Zusammenarbeit.

Magdeburg, im Mai 1999   Hans Karl Iben und Uwe Iben

Inhalt

Symbole und Einheiten

Größe	Formelzeichen	Maßeinheit	Beziehungen zu Basiseinheiten
Fläche	A	m^2	
Beschleunigung	$\vec{b}$	m/s^2	
Schallgeschwindigkeit	c	m/s	
Carnot-Zahl	Ca		
Crocco-Zahl	Cr		
spezifische Wärmekapazität bei konstantem Druck	c_p	$J/(kg\,K)$	$m^2/(s^2\,K)$
spezifische Wärmekapazität bei konstantem Volumen	c_v	$J/(kg\,K)$	$m^2/(s^2\,K)$
Durchmesser	d	m	
innere Energie	E	J	$kg\,m^2/s^2$
Eckert-Zahl	Ec		
Euler-Zahl	Eu		
Volumenelastizitätsfunktion	E	Pa	$kg/(ms^2)$
spezifische innere Energie	e	J/kg	m^2/s^2
Kraft	$F,\ \vec{F}$	N	$kg\,m/s^2$
Frequenz	f	$1/s$	
Froude-Zahl	Fr		
Erdbeschleunigung	g	m/s^2	
Gay-Lussac-Zahl	Gy		
spezifische Enthalpie	h	J/kg	m^2/s^2
Hagen-Zahl	Ha		
Koeffizient des aktiven Erddruckes	k_a		
Kompressibilitätsfunktion	$K_{isoth},\ K_{isentr}$	$1/Pa$	$(m\,s^2)/kg$
Masse	m	kg	
Mach-Zahl	Ma		

Größe	Formelzeichen	Maßeinheit	Beziehungen zu Basiseinheiten
Leistung	P	W	$\mathrm{kg\,m^2/s^3}$
Druck	p	Pa	$\mathrm{kg/(ms^2)}$
Péclet-Zahl	Pe		
Prandtl-Zahl	Pr		
Wärme	Q	J	$\mathrm{kg\,m^2/s^2}$
spezifische Wärme	q	J/kg	$\mathrm{m^2/s^2}$
Wärmestrom	$\dot{Q}$	W	$\mathrm{kg\,m^2/s^3}$
Gaskonstante	R	J/(kgK)	$\mathrm{m^2/(s^2\,K)}$
Reynolds-Zahl	Re		
spezifische Entropie	s	J/(kg K)	$\mathrm{m^2/(s^2\,K)}$
Koordinate	s	m	
Strouhal-Zahl	Sr		
Temperatur	T	K	
Zeit	t	s	
Geschwindigkeitskomponenten	u, v, w	m/s	
spezifisches Volumen	v	$\mathrm{m^3/kg}$	
Volumen	V	$\mathrm{m^3}$	
Geschwindigkeit	$v, \vec{v}$	m/s	
technische Arbeit	W_t	J	$\mathrm{kg\,m^2/s^2}$
spezifische technische Arbeit	w_t	J/kg	$\mathrm{m^2/s^2}$
Weber-Zahl	We		
Koordinaten	x, y, z	m	
geodätische Höhe	z	m	
Volumenausdehnungsfunktion	α	1/T	
Spannungsfunktion	β	1/T	
Grenzschichtdicke	δ	m	
Isentropenexponent	$\varkappa$		
kinematische Zähigkeit (Viskosität)	ν	$\mathrm{m^2/s}$	
Reibzahl	μ_0		
Dichte	ρ	$\mathrm{kg/(m^3)}$	
Schubspannung	τ	Pa	$\mathrm{kg/(ms^2)}$
dynamische Zähigkeit	η	Pa s	$\mathrm{kg/(s\,m)}$
Winkelgeschwindigkeit	ω	1/s	

1 Hydrostatik, Fließverhalten und Eigenschaften der Fluide

1.1 Die Bedeutung der Strömungslehre

In der Strömungslehre wird die Bewegung der Flüssigkeiten und Gase unter dem Einfluß äußerer Kräfte und spezieller Anfangs- und Randbedingungen beschrieben. Die Strömungslehre ist ein Teilgebiet der Mechanik, der ältesten Disziplin der Physik. Mit der Bekanntgabe der Grundgleichungen strömender Flüssigkeiten durch Navier und Stokes im 19. Jahrhundert entwickelte sich die Strömungslehre als selbständiger Wissenszweig. Sie umfaßt gegenwärtig eine Reihe wichtiger Teildisziplinen wie die Hydrostatik, die Hydrodynamik, die Gasdynamik, die Magnetohydrodynamik, die Magnetogasdynamik und die Rheologie.
Flüssigkeiten und Gase faßt man unter dem Begriff Fluide zusammen. Ein inkompressibles Fluid ist eine Flüssigkeit, ein kompressibles Fluid ist ein Gas.
Der Ablauf der Strömungsvorgänge hängt wesentlich von den Eigenschaften der Fluide ab. Während bei einem Festkörper große Kräfte nur kleine, meist elastische Deformationen hervorrufen (der auf Biegung beanspruchte Balken), führen bei einem Fluid kleinste Kräfte zum Gleiten und Fließen und zu beliebig großen Verschiebungen und Formänderungen. Bei Fluiden ist daher nicht die Deformation ein Maß für den inneren Spannungszustand wie beim Festkörper, sondern die Deformationsgeschwindigkeit und -beschleunigung. In einem Fluid gibt es keine physikalisch ausgezeichnete Anfangsanordnung der Fluidelemente wie beim Festkörper. Die Strömung wird durch partielle nichtlineare Differentialgleichungen beschrieben, was Ausdruck der Komplexität und des Schwierigkeitsgrades der Strömungsvorgänge ist.
In der Natur und Technik begegnen wir sehr vielfältigen Strömungsvorgängen. Die größten Strömungsfelder auf der Erde sind die Atmosphäre und die Ozeane. Ihre räumlichen und zeitlichen Strukturen unterliegen einem ständigen Wandel mit unterschiedlichen Wirkungen auf die umströmten oder durchströmten Körper.
Die technisch erzeugten Strömungen sind ebenso vielfältig und zahlreich wie die natürlichen Vorgänge. Während im Altertum die natürlichen Strömungen technisch durch Wind- und Wassermühlen oder von Segelschiffen genutzt wurden, dominieren heute technische Strömungen in Turbomaschinen (Pumpen, Verdichter, Turbinen), an Schiffsschrauben, Flugzeugen, Strahltriebwerken und

Raketen. Komplexen Strömungsvorgängen mit Stoff- und Wärmeaustausch und rheologischen Fluiden (Abschnitt 1.8) begegnen wir in der Verfahrenstechnik und in der Reaktortechnik. Noch heute gibt es viele ungelöste Strömungsprobleme rheologischer Fluide mit komplizierten Anfangs- und Randbedingungen.

1.2 Die Schwere

Unter der Schwere versteht man das Eigengewicht des Fluides. Die **Schwerkraft** ist eine **Feldkraft**. Sie hängt von der Massendichte ρ des Fluides und von der Erdbeschleunigung $\vec{g}$ ab. Letztere sehen wir auf der Erdoberfläche als konstant an, $|\vec{g}| = g = 9.81\,\mathrm{m/s^2}$.

Die Schwerkraft pro Volumeneinheit eines Gases ist in der Regel 10^3 mal geringer als die einer Flüssigkeit. Sehen wir einmal von Gasströmungen ab, deren Antrieb von den Auftriebskräften abhängt (Auftriebsströmungen in der Atmosphäre oder im Schornstein), dann darf man gewöhnlich das Eigengewicht des Gases bei Strömungsvorgängen vernachlässigen.

Berücksichtigt werden muß das Eigengewicht des Fluides aber immer dann, wenn die Schwerkraft eine von Null verschiedene Komponente in Strömungsrichtung besitzt, deren Betrag von der gleichen Größenordnung ist wie der der übrigen die Strömung beeinflussenden Kräfte. Beispiele hierfür sind die Flußströmung, nicht horizontal verlaufende Wasserleitungen, die Schornsteinströmung, die Druckverteilung des Wassers entlang der Staumauer einer Talsperre, um nur einige Beispiele zu nennen.

1.3 Der Spannungszustand in einer ruhenden Flüssigkeit

Uns beschäftigt zunächst die Frage, welcher Spannungszustand sich in einer gegenüber der Berandung ruhenden **Newtonschen** Flüssigkeit[1] unter dem Einfluß von Feld- und **Trägheitskräften** ausbildet. Eine gegenüber der Berandung ruhende Flüssigkeit ist z.B. das Wasser in einer Talsperre. Die abfließende Wassermasse durch den Grundablaß oder durch die Turbinenstation ist im Vergleich zu der aufgestauten Wassermasse so gering, daß man im Staubecken mit Ausnahme der unmittelbaren Umgebung um den Abfluß keine nennenswerte Strömungsgeschwindigkeit nachweisen kann. Die einzige auf das Wasser wirkende Feldkraft ist die Schwerkraft.

---

[1]Ein Fluid verhält sich Newtonsch, wenn es bei der geringsten Scherbelastung zu fließen beginnt und der Zusammenhang zwischen Schubspannung und Schergefälle linear ist. Auf die Begriffe Schergefälle und Schubspannung gehen wir im Abschnitt 1.8 näher ein.

Die Flüssigkeit in einer mit konstanter Winkelgeschwindigkeit drehenden Zentrifuge ruht aus der Sicht eines Beobachters, der sich im mitrotierenden Relativsystems befindet. Aus der Sicht eines Beobachters im Absolutsystems dreht sich die Flüssigkeit wie ein Festkörper. Die Flüssigkeitselemente führen untereinander keine Relativbewegung aus. Neben der **Schwerebeschleunigung** wirkt auf die Flüssigkeit in der Zentrifuge die **Zentripedalbeschleunigung**, eine Kraft pro Masseneinheit.

Der Spannungszustand einer gegenüber der Berandung ruhenden Newtonschen Flüssigkeit ist besonders einfach. Da die Fluidelemente sich nicht gegeneinander bewegen, treten keine Tangentialspannungen (Schubspannungen) an ihrer Oberfläche auf, sondern nur Normalspannungen. Wie auch immer in einer ruhenden Flüssigkeit eine gedachte Schnitt- oder Trennfläche gelegt wird, stets greifen an ihr nur Normalspannungen an.

Flüssigkeiten können zwar dynamisch kurzzeitig positive Normalspannungen (Zugspannungen) übertragen, statisch jedoch nicht. Den Spannungszustand einer ruhenden Flüssigkeit kennzeichnen Druckspannungen (negative Normalspannungen).

Wir wenden das **Schnittprinzip**, das von der Statik der Festkörper her bekannt ist, auch in der Strömungslehre an. Es liefert zwei wichtige Erkenntnisse:

1. Innere Kräfte werden durch den Schnitt zu äußeren Kräften.
2. Bei der Aufstellung des Kräftegleichgewichtes werden nur die äußeren Kräfte des Systems betrachtet, die inneren heben sich paarweise gegenseitig auf.

Nach diesem Schnittprinzip denken wir uns nun einen fluiden prismatischen Körper aus einem gegenüber der Berandung ruhenden fluiden Bereich $\mathcal{B}_f$ herausgeschnitten, Bild 1. Obwohl wir uns hauptsächlich für Flüssigkeiten interessieren, die im Absolutsystem ruhen, so kann beispielweise $\mathcal{B}_f$ auch ein quaderförmiger mit Wasser gefüllter Behälter sein, der neben der Erdbeschleunigung $\vec{g}$ einer Fahrbeschleunigung $\vec{b}$ unterliegt (Transport lebender Fische mit dem LKW).

Jede Masse besitzt zwei charakteristische Eigenschaften, nämlich die der **Schwere** und die der **Trägheit**. Eine endlich große Masse m ist über einen endlichen räumlichen Bereich (Feld) mit der Masssendichte $\rho(\vec{x})$ verteilt. Die verteilte Masse bildet den fluiden Bereich $\mathcal{B}_f$. Es gilt $m = \int_{\mathcal{B}_f} \rho(\vec{x})\mathrm{d}V$. Existiert in $\mathcal{B}_f$ das Schwerkraftfeld $\vec{g}$, so wirkt auf m die **Feldkraft** $\vec{F}_F = \int_{\mathcal{B}_f} \vec{g}\,\rho(\vec{x})\mathrm{d}V$.

Zu den Feldkräften zählt man auch die Kräfte, die elektrische und magnetische Felder auf leitende Fluide ausüben. Diese Feldkräfte betrachten wir hier nicht.

Die **Trägheitskraft** ist ebenfalls eine Massenkraft und daher im weiteren Sinne auch eine Feldkraft. Will man aber ihre besondere physikalische Wirkung hervorheben, so ordnet man sie nicht unter die Feldkräfte ein. Folgen wir dieser letztgenannten Einteilung, so wirken an dem Prisma, Bild 1, Oberflächenkräfte, eine Feldkraft und eine d'Alembertsche Trägheitskraft. Die d'Alembertsche Trägheitskraft ist der Beschleunigung $\vec{b}$ entgegengesetzt gerichtet, daher das negative Vorzeichen. Die Komponenten (b_x, b_y, b_z) des Beschleunigungsvektors $\vec{b} = b_x\vec{e}_1 + b_y\vec{e}_2 + b_z\vec{e}_3$ sind dann positiv. Die Schwerkraft mit $\vec{g} = -g\vec{e}_3$ wirkt entgegen der positiven z-Richtung. Die im Bild 1 eingetragenen Kräfte sind **Aktionskräfte**, also Kräfte, die von der Umgebung auf den prismatischen Fluidkörper wirken. Die Oberflächenkräfte in und entgegen der x-Richtung haben wir aus Gründen der Übersichtlichkeit nicht im Bild 1 eingetragen. Sie wirken natürlich auch. Das Volumenelement ist $\Delta V = \Delta x \Delta y \Delta z$. Im Bild 1 ist nun am prismatischen Körper das Kräftegleichgewicht zu bilden. Dabei ergeben sich die Kräfte aus Spannung mal Fläche und Masse mal Beschleunigung. Das Kräftegleichgewicht in x-, y- und z-Richtung ergibt die Gleichungen:

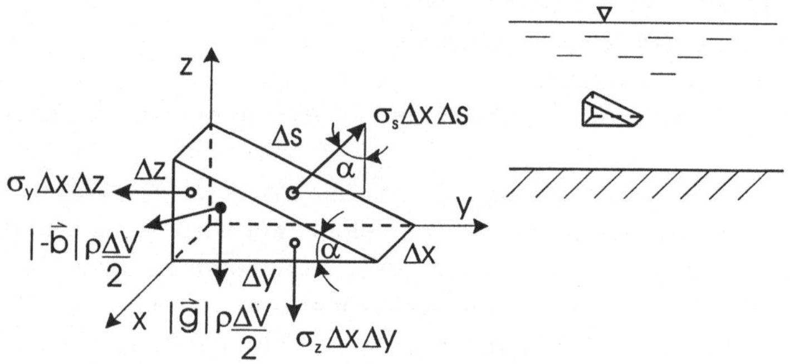

Bild 1 Kräfte an einem beliebigen prismatischen Fluidelement (Volumen $\Delta V/2$)

$$\frac{1}{2}\left(\sigma_x + \frac{\partial \sigma_x}{\partial x}\Delta x\right)\Delta y \Delta z - \frac{1}{2}\sigma_x \Delta y \Delta z = \frac{\rho b_x}{2}\Delta x \Delta y \Delta z\,,$$

$$\sigma_s \sin(\alpha)\Delta x \Delta s - \sigma_y \Delta x \Delta z = \frac{\rho b_y}{2}\Delta x \Delta y \Delta z\,, \qquad (1.1)$$

$$\sigma_s \cos(\alpha)\Delta x \Delta s - \sigma_z \Delta x \Delta y - \frac{g\rho}{2}\Delta x \Delta y \Delta z = \frac{\rho b_z}{2}\Delta x \Delta y \Delta z\,.$$

Die äußeren Kräfte stehen auf der linken Gleichungsseite. Mit $\sin(\alpha) = \frac{\Delta z}{\Delta s}$ und $\cos(\alpha) = \frac{\Delta y}{\Delta s}$ geht das obige Gleichungssystem in

$$0 = \left(-\frac{\partial \sigma_x}{\partial x} + \rho b_x\right)\Delta x \Delta y \Delta z\,,$$

$$(\sigma_s - \sigma_y)\Delta x \Delta z = \frac{\rho b_y}{2}\Delta x \Delta y \Delta z\,, \qquad (1.2)$$

$$(\sigma_s - \sigma_z)\Delta x \Delta y = \left(\frac{g\rho}{2} + \frac{\rho b_z}{2}\right)\Delta x \Delta y \Delta z$$

über. Wir lassen jetzt das Prisma auf einen Punkt (gleichmäßig in allen Richtungen) zusammenschrumpfen. Bei dem Grenzübergang $\Delta x, \Delta y, \Delta z \to 0$ streben die Terme auf der rechten Gleichungsseite von dritter Ordnung gegen Null, hingegen die Terme auf der linken Gleichungsseite von zweiter Ordnung gegen Null streben. Aus den Gln.(1.2) folgt $\sigma_s = \sigma_y = \sigma_z$. Da die Lage des Prismas auch um 90° um die z-Achse gedreht werden kann, was dann $\sigma_s = \sigma_x = \sigma_z$ zur Folge hat, gelangen wir allgemein zu der Feststellung

$$\sigma_s = \sigma_x = \sigma_y = \sigma_z = -p\,.\tag{1.3}$$

Die **Normalspannungen** in beliebigen Richtungen sind in jedem Punkt des ruhenden Newtonschen Fluides gleich. Da es sich um Druckspannungen handelt, ersetzen wir sie durch $-p$, mit $p \geq 0$, dem (hydrostatischen) Druck. Es gilt der

> **Satz 1.1:** *In einer gegenüber der Berandung ruhenden Newtonschen Flüssigkeit wird der Spannungszustand in jedem Punkt der Flüssigkeit eindeutig durch den Druck beschrieben.*

Der Druck ist eine richtungsunabhängige (skalare) Größe. Wir setzen voraus, daß er eine stetige differenzierbare Ortsfunktion in $\mathcal{B}_f$ ist, $p = p(x, y, z)$. Man spricht dann von einem Druckfeld. Die Maßeinheit des Druckes ist $[p] = \mathrm{N/m}^2 = \mathrm{Pa}$.

1.4 Die Ortsveränderlichkeit des Druckes

Die Ortsabhängigkeit des Druckes in einem ruhenden Fluid studieren wir an einem aus dem fluiden Bereich $\mathcal{B}_f$ herausgeschnittenen Quader.

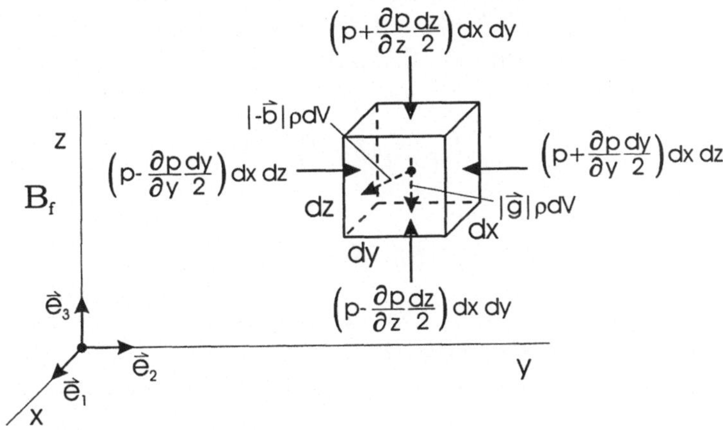

Bild 2 Kräfte am Fluidelement

Im Bild 2 sind die Kräfte an dem infinitesimalen Volumenelement eingetragen mit Ausnahme der x-Komponente, die wir wieder aus Gründen der Übersichtlichkeit weggelassen haben, obwohl sie vorhanden ist. Für die bildliche Darstellung der Kräfte treffen wir folgende Vereinbarung:

Grundsätzlich legt das benutzte Koordinatensystem die positive Richtung der Koordinatenachsen fest. Treten in einem Bild Kraftkomponenten und Kraftvektoren auf, die nicht in Komponenten zerlegt wurden, so enthält die Darstellung nur die Beträge der Vektoren. Die Pfeile weisen stets in die tätsächliche oder in die vermutete Wirkungsrichtung der Kräfte.

Besteht die bildliche Darstellung des Kräftegleichgewichtes nur aus Vektoren, so ergibt sich das Kräftegleichgewicht einfach aus der Addition dieser Vektoren unabhängig von der eingetragenen Pfeilrichtung. Die Vorzeichen der Komponenten der Vektoren müssen sich natürlich an dem vorgegebenen Koordinatensystem orientieren.

An dem infinitesimalen Volumenelement im Bild 2 wirken Oberflächenkräfte, eine Feldkraft und eine d'Alembertsche Trägheitskraft. Die Oberflächenkräfte, die nur aus Druckkräften bestehen, bilden das resultierende Vektordifferential

$$\mathrm{d}\vec{F}_o = -\left(\vec{e}_1\frac{\partial p}{\partial x} + \vec{e}_2\frac{\partial p}{\partial y} + \vec{e}_3\frac{\partial p}{\partial z}\right)\mathrm{d}V = -\nabla(p)\,\mathrm{d}V = -\mathrm{grad}(p)\,\mathrm{d}V\,, \qquad (1.4)$$

das auf die Volumeneinheit bezogen

$$\vec{F}_{ov} = \frac{\mathrm{d}\vec{F}_o}{\mathrm{d}V} = -\mathrm{grad}\,p \qquad (1.5)$$

die Oberflächenkraft pro Volumeneinheit ergibt. Der Gradient $\mathrm{grad}() \equiv \nabla()$ (Nabla) ist ein linearer Ableitungsoperator mit Vektorcharakter. Er charakterisiert die Ortsableitung der Größe, auf die er angewandt wird.

Die Oberflächenkraft muß mit der Schwerkraft und der Massenträgheitskraft im Gleichgewicht stehen

$$\vec{F}_{ov} + \rho(\vec{g} - \vec{b}) = 0 \qquad (1.6)$$

bzw.

$$\mathrm{grad}\,p = \rho(\vec{g} - \vec{b}) = \vec{F}_v = -\vec{F}_{ov}\,. \qquad (1.7)$$

In Gl.(1.6) werden die das Kräftegleichgewicht bildenden Vektoren einfach addiert. Mit dem Beschleunigungsvektor $\vec{b} = b_x\vec{e}_1 + b_y\vec{e}_2 + b_z\vec{e}_3$ und der Erdbeschleunigung $\vec{g} = -g\vec{e}_3$ erhalten wir aus Gl.(1.7) die Komponentendarstellung

$$\frac{\partial p}{\partial x} = -\rho\,b_x\,, \quad \frac{\partial p}{\partial y} = -\rho\,b_y \quad \text{und} \quad \frac{\partial p}{\partial z} = -\rho\,(g + b_z)\,. \qquad (1.8)$$

Diese Gleichungen ergeben sich auch unmittelbar aus dem Kräftegleichgewicht nach Bild 2. Das System $\mathcal{B}_f$, in dem das Fluidelement die Beschleunigung $\vec{b}$ erfährt, ist kein Inertialsystem (siehe Fußnote Abschnitt 3.1). Ist $\vec{b} \equiv 0$, wirkt also nur die Schwerkraft, dann folgt aus den ersten beiden Gleichungen des Systems (1.8), daß p unabhängig von x, y ist. Die verbleibende dritte Komponente

$$\frac{\mathrm{d}p}{\mathrm{d}z} = -\rho\, g \tag{1.9}$$

läßt sich sofort integrieren. Mit dem Bezugsdruck $p(z = 0) = p_o$ ergibt sich die von z abhängige lineare Druckverteilung

$$p(z) = p_o - g\,\rho\,z \tag{1.10}$$

in ruhenden dichtebeständigen Flüssigkeiten. Das negative Vorzeichen in Gl.(1.10) rührt daher, daß die Erdbeschleunigung entgegen der positiven z-Achse gerichtet ist. Würde man die z-Koordinate in Richtung von $\vec{g}$ anordnen, so wäre das Vorzeichen in Gl.(1.9) zu ändern.

Wenden wir auf Gl.(1.7) die Rotation ($\nabla \times$) an, so besteht wegen der Identität rot grad() $\equiv 0$ die Forderung rot$\vec{F}_v = 0$, [Ib95]. D.h., die äußeren Kräfte $\vec{F}_v$ müssen ein **Potential** U besitzen, also

$$\vec{F}_v = \operatorname{grad} U\,. \tag{1.11}$$

Wird die Gleichung rot$\vec{F}_v = 0$ nicht erfüllt, dann kann das Fluid nicht in Ruhe verharren. Mit

$$\operatorname{grad} p = \operatorname{grad} U$$

läßt sich das allgemeine Integral

$$p - U = \text{const} \tag{1.12}$$

der Gl.(1.7) angeben. Es gilt der

Satz 1.2: *Eine gegenüber der Berandung ruhende Newtonsche Flüssigkeit bleibt nur dann im Gleichgewicht, d.h. in relativer Ruhe, wenn die äußeren Kräfte ein Potential besitzen.*

Das Potential der Schwerkraft ist $U = -g\,\rho\,z$.

Die Gl.(1.7) bzw. (1.9) nennt man die hydrostatische Grundgleichung. Ist $\rho \neq$const, so benötigt man zur Integration der Gl.(1.7) bzw. (1.9) noch die Materialeigenschaft $p = p(\rho)$. Existiert eine eindeutige Beziehung $p = p(\rho)$, so nennt man das Fluid **barotrop**.

Neben dem Kräftegleichgewicht muß am infinitesimalen Fluidelement auch das Momentengleichgewicht erfüllt sein. Gehen wir davon aus, daß die Wirkungslinien der Oberflächen-, Feld- und Trägheitskräfte nicht exakt durch den Quadermittelpunkt gehen, dann entstehen Momente von vierter Ordnung, die aber vernachlässigbar klein sind. Die Momentengleichung ist mit der hydrostatischen Grundgleichung erfüllt.

1.5   Hydrostatische Kräfte auf Wände

Die Bestimmung der hydrostatischen Kräfte ist wichtig für die Gestaltung von Behältern, Dämmen oder Staumauern, hinter denen sich Flüssigkeiten befinden.

Wir wissen, daß der Druck mit der Eintauchtiefe zunimmt und die Druckkräfte senkrecht auf den Flächen stehen. Als Beispiel betrachten wir eine beliebig berandete ebene Fläche (Klappe) in einer ebenen Wand hinter der Wasser steht, Bild 3. Der Umgebungsdruck p_u liefert keinen Beitrag zur resultierenden Kraft F_R auf die Fläche A (Klappe), da er auf Vorder- und Rück-

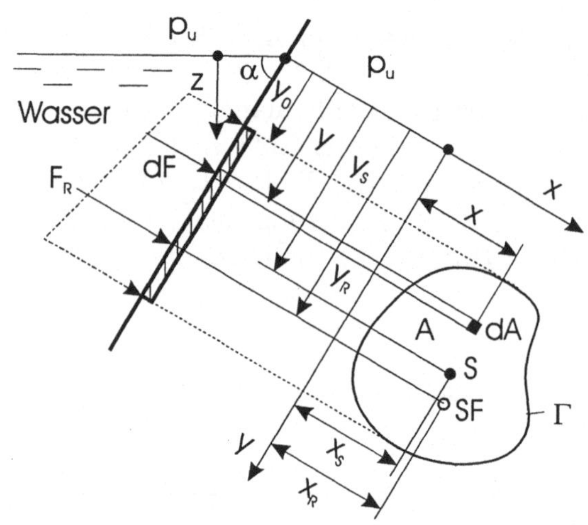

Bild 3 Druckverteilung an einer Klappe

seite von A wirkt. Wir rechnen daher mit **Überdrücken** (Relativdrücken, $p = p_{abs} - p_u$). Die z-Koordinate ordnen wir in Richtung der Erdbeschleunigung $\vec{g}$ an, beginnend am Oberwasserspiegel. Für die Druckverteilung im Wasser gilt dann die Gleichung $p(z) = g\,\rho\,z$ mit $p(z = 0) = 0$. Die Verteilung des Absolutdruckes wäre demgegenüber $p_{abs} = p_u + g\,\rho\,z$. Die Flächenbelastung auf der Klappe ist eine Trapezlast. Die resultierende Kraft ergibt sich aus der Integralbeziehung

$$F_R = \int_A p\,\mathrm{d}A = g\,\rho \int_A z\,\mathrm{d}A = g\,\rho\,\sin(\alpha) \int_A y\,\mathrm{d}A. \qquad (1.13)$$

Das rechte Integral in Gl.(1.13) ist das erste Flächenmoment bezüglich der x-Achse. Die y-Koordinate des Flächenschwerpunktes S in bezug auf die x-Achse ist

$$y_s = \frac{1}{A} \int_A y \, \mathrm{d}A\,.$$ (1.14)

Damit erhalten wir für die resultierende Kraft

$$F_R = g\,\rho\,y_s\,A\,\sin(\alpha) = g\,\rho\,z_s\,A\,.$$ (1.15)

Der Betrag von F_R ist also gleich dem Druck im Flächenschwerpunkt, multipliziert mit der Fläche A. Der Angriffspunkt von F_R ist wegen der unsymmetrischen Belastung nicht der Flächenschwerpunkt. Wir ermitteln die Koordinaten x_R und y_R des Angriffspunktes von F_R über die Momentengleichgewichte

$$F_R\,x_R = g\,\rho\,\sin(\alpha) \int_A x\,y\,\mathrm{d}A \quad\rightarrow\quad x_R = \frac{\int_A x\,y\,\mathrm{d}A}{y_s A}$$ (1.16)

und

$$F_R\,y_R = g\,\rho\,\sin(\alpha) \int_A y^2\,\mathrm{d}A \quad\rightarrow\quad y_R = \frac{\int_A y^2\,\mathrm{d}A}{y_s A}\,.$$ (1.17)

Das Integral $\int_A y^2\,\mathrm{d}A = I_x$ ist das zweite Flächenmoment, in der Mechanik auch Trägheitsmoment genannt, bezüglich der x-Achse und $\int_A x\,y\,\mathrm{d}A = I_{xy}$ ist das Deviationsmoment. Um die Integrale an einem Beispiel auszuwerten, habe die Klappe die Gestalt eines Rechteckes mit den Kantenlängen a und b, Bild 4. Der Flächenschwerpunkt liegt bei $x_s = \frac{a}{2}$ und

$$y_s = \frac{1}{ab} \int_{x=0}^{a} \int_{y=y_0}^{y_0+b} y\,\mathrm{d}x\mathrm{d}y = \frac{1}{2b}y^2\Big|_{y_0}^{y_0+b}$$

$$= y_0 + \frac{b}{2}\,.$$ (1.18)

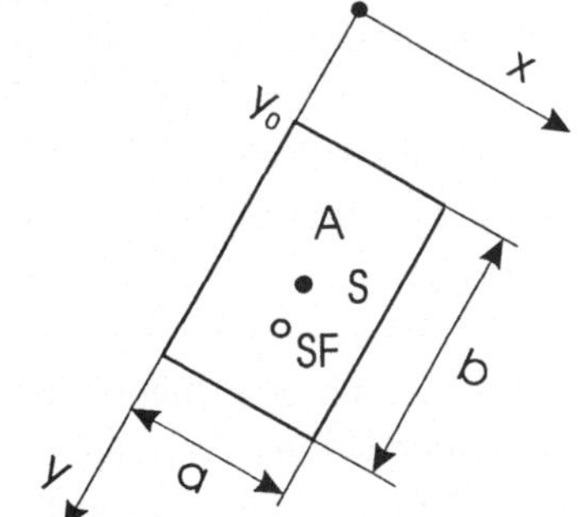

Bild 4 Rechteckklappe

Die resultierende Kraft hat den Betrag

$$F_R = g\,\rho\,a\,b\left(y_0 + \frac{b}{2}\right)\sin(\alpha)\,.$$ (1.19)

Ihr Angriffspunkt liegt bei $x_R = \frac{a}{2}$ und

$$y_R = \frac{\int_A y^2\,\mathrm{d}A}{y_s\,A} = \frac{y_0(y_0 + b) + \frac{b^2}{3}}{y_0 + \frac{b}{2}}\,.$$ (1.20)

Beispiel 1:

In einem Wasserbehälter ($\rho = 10^3$ kg/m^3) befindet sich eine dreieckige Klappe mit den Abmessungen $a = 2$ m, $b = 1$ m. Man berechne die resultierende Kraft F_R auf die Klappe und ihren Angriffspunkt SF entsprechend Bild 5.

Lösung: Wir rechnen mit dem Relativdruck (Überdruck) p. Die vertikale Verteilung des Überdruckes $p(y) = g\,\rho\,y$ erzeugt eine

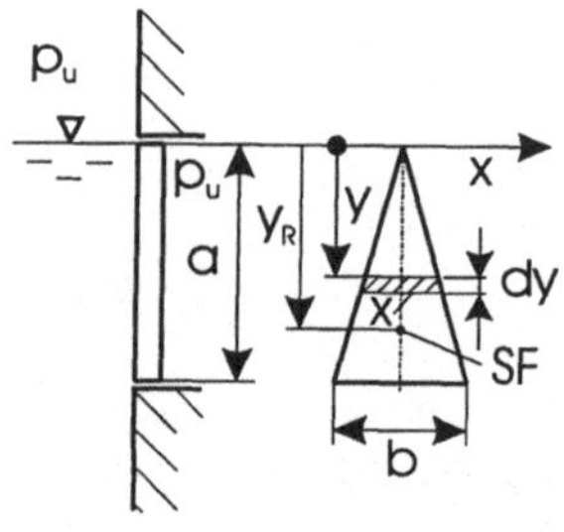

Bild 5 Dreiecksklappe

resultierende Kraft der Größe $F_R = \int\limits_{y=0}^{a} p(y)x\,\mathrm{d}y = g\rho \int\limits_{0}^{a} y\frac{yb}{a}\mathrm{d}y = g\rho\frac{b}{3}a^2 = 13080\,\text{N}$.

Der Kraftangriffspunkt y_R ergibt sich aus dem Momentengleichgewicht um die x-Achse $F_R\,y_R = \int_0^a p(y)xy\,\mathrm{d}y = g\rho\frac{b}{a} \int_0^a y^3\mathrm{d}y = g\rho b\frac{a^3}{4}$ zu $y_R = \frac{3}{4}a = 1.5\text{m}$. ■

Beispiel 2:

Die Leistung einer Verbrennungskraftmaschine hängt vom aktuellen Luftdruck p_u und der Umgebungstemperatur T_u ab. In großen Höhen verringert sich mit dem Druck und der Temperatur auch die Dichte der angesaugten Luft und damit die Motorleistung. Ein Truck befindet sich auf einer Gebirgsfahrt. In der Ausgangshöhenlage $z_A = 1610$ m betragen die Lufttemperatur $T_A = 300$ K und der Luftdruck $p_A = 85680$ Pa. Der Truck hat einen Paß in der Höhenlage $z_P = 3230$ m zu überqueren. Die Lufttemperatur beträgt auf dem Paß $T_P = 290$ K. Wie groß sind der Luftdruck p_P auf dem Paß und die relative Dichteänderung $(\rho_A - \rho_P)/\rho_A$?

Die Luft verhalte sich wie ein ideales Gas. Ihre Gaskonstante ist $R = 287$ J/(kg K). Gehen Sie davon aus, daß sich die Temperatur der Luft linear mit zunehmender Höhe z verringert!

Lösung: Ausgangspunkt sind die hydrostatische Grundgleichung $\mathrm{d}p/\mathrm{d}z = -g\rho$ und die thermische Zustandsgleichung idealer Gase $\rho = \rho(p,T) = p/(RT)$, [IS99]. Das Nullniveau der Höhenkoordinate z liegt auf dem Meeresspiegel. Für die Änderung der Temperatur mit z führen wir den linearen Ansatz

$$T(z) = T_A - \left(\frac{T_A - T_P}{z_P - z_A}\right)(z - z_A) = T_A - C_1(z - z_A) \qquad (1.21)$$

ein mit $C_1 = (T_A - T_P)/(z_P - z_A) = 6.173 \cdot 10^{-3}$ K/m. Die Temperatur $T(z)$ erfüllt die Randbedingungen, denn es sind $T(z_A) = T_A$ und $T(z_P) = T_P$. Wir ersetzen T in der thermischen Zustandsgl. $\rho = p/(RT)$ durch Gl.(1.21) und ρ in der hydrostatischen

Grundgleichung. Für p ergibt sich in Abhängigkeit von z die gewöhnliche Dgl.

$$\frac{\mathrm{d}p}{\mathrm{d}z} = -\frac{g\,p}{RT} = -\frac{g\,p}{R\left[T_A - C_1(z - z_A)\right]}\,. \tag{1.22}$$

Die Dgl. lösen wir mittels der Trennung der Veränderlichen. Das Integral zwischen den Grenzen $\big|_{p_A}^{p_P}$ bzw. $\big|_{z_A}^{z_P}$ ergibt

$$\frac{p_P}{p_A} = \left(\frac{T_P}{T_A}\right)^{\frac{g}{R\,C_1}} \quad \text{mit} \quad \frac{g}{R\,C_1} = 5.537\,. \tag{1.23}$$

Der Luftdruck auf dem Paß beträgt nach Gl.(1.23)

$$p_P = p_A\left(\frac{T_P}{T_A}\right)^{5.537} = 85680\left(\frac{290}{300}\right)^{5.537} = 71016\,\text{Pa}\,.$$

Damit erhalten wir für die Dichten:

$$\rho_A = \frac{p_A}{R\,T_A} = 0.9951\,\text{kg/m}^3 \quad \text{und} \quad \rho_P = \frac{p_P}{R\,T_P} = 0.8533\,\text{kg/m}^3\,.$$

Hieraus folgt die relative Dichteänderung $\Delta\rho = (\rho_A - \rho_P)/\rho_A = 0.143 \,\hat{=}\, 14.3\%\,.$ ∎

1.6 Auftrieb und Stabilität

Ein in Flüssigkeit (Wasser) schwimmender oder ganz untergetauchter Körper erfährt einen Auftrieb. Der untergetauchte Körper ist scheinbar leichter.

Wir betrachten den im Bild 6 vollständig eingetauchten Körper. Der Druck, der sich mit der Eintauchtiefe z ändert, erzeugt an der Körperoberfläche eine mit dem Ort veränderliche Druckverteilung. An dem im Bild 6 gestrichelt eingezeichneten Zylinder mit dem differentiellen Querschnitt $\mathrm{d}A$ und der Höhe

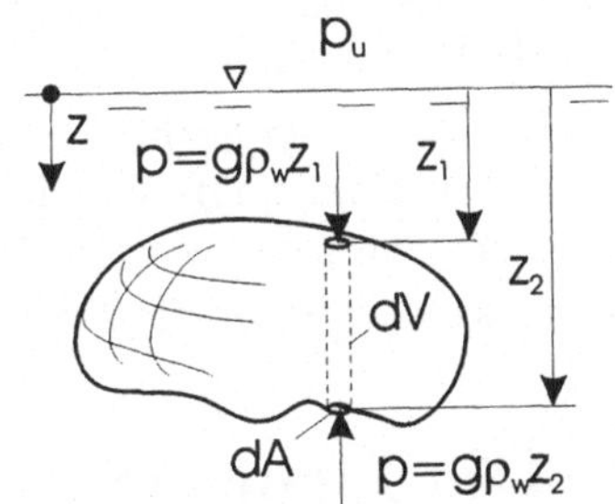

Bild 6 Eingetauchter Körper

$z_2 - z_1$ wirkt entgegen der positiven z-Richtung die resultierende Druckkraft

$$\mathrm{d}F_A = g\,\rho_w(z_2 - z_1)\mathrm{d}A = g\,\rho_w\,\mathrm{d}V\,.$$

Die Auftriebskraft, die der gesamte Körper erfährt, ist dann bei örtlich konstanter Wasserdichte ρ_w

$$F_A = \rho_w\,g\int_V \mathrm{d}V = g\,\rho_w\,V \tag{1.24}$$

gleich dem Gewicht der vom Körper verdrängten Wassermasse. Dieses Resultat fand Archimedes (285-212 v.Chr.), als er den Goldgehalt der Münzen des Herrschers von Syrakus, Hieron, überprüfte. Das Prinzip von Archimedes gilt für schwimmende und vollständig eingetauchte Körper. Für letztere aber nur dann, wenn ihre gesamte Oberfläche mit Flüssigkeit umgeben ist. Ein auf einem ebenen Behälterboden vollständig plan aufsitzender Körper erfährt keinen Auftrieb.

Wir betrachten die beiden Schwimmkörper im Bild 7. Die Auftriebskraft F_A ist gleich der Gewichtskraft F_G. Die Wirkungslinie der Auftriebskraft F_A geht durch den Schwerpunkt S_A der vom Unterwasserteil des Schiffskörpers eingenommenen Wassermasse (verdrängten Wassermasse).

Die Wirkungslinie der Schwerkraft der Schiffsmasse geht durch den Schiffsschwerpunkt S_G. Im linken Bild verursacht die Auftriebskraft ein aufrichtendes (stabilisierendes) Moment der Größe $M = F_A a$

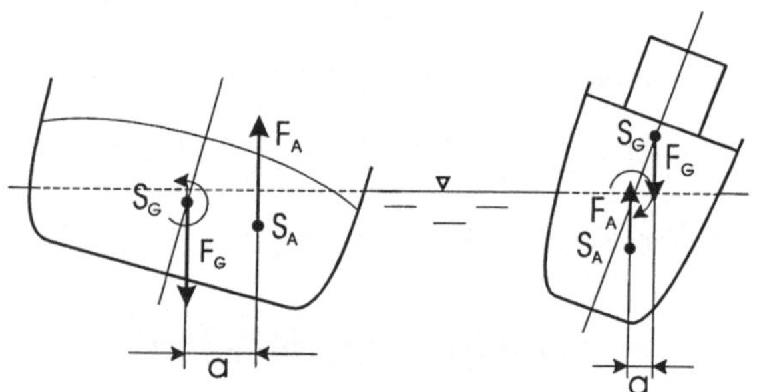

Bild 7 Stabilität beim Schwimmen

auf den geneigten Schiffskörper. Im rechten Bild liegt der Schiffsschwerpunkt über der Wasserlinie. Die Auftriebskraft erzeugt ein destabilisierendes Moment. Das Schiff kippt seitlich.

Bei Segelschiffen erzeugt der Wind die Vortriebskraft, die in der Regel sehr hoch über der Wasserlinie angreift. Um das von ihr erzeugte destabilisierende Moment auszugleichen, verschiebt man den Schiffsschwerpunkt durch ein Schwert mit Ballastmasse weit unter die Wasserlinie.

1.7 Die Druckverteilung in einem Getreidesilo

Im körnigen Gut wie Sand oder Getreide ist die Druckverteilung viel komplizierter als in einem Newtonschen Fluid. Bereits im Ruhezustand werden durch Haftung Reibungskräfte an den Grenzflächen übertragen. Den komplizierten Spannungszustand stellen wir vereinfacht durch eine horizontale Druckspannung p_h und eine vertikale Druckspannung p_v dar. Zwischen ihnen besteht die Beziehung

$$p_h = k_a p_v, \quad k_a \approx \frac{1}{4} \quad \text{Koeffizient des aktiven Erddruckes}. \tag{1.25}$$

Die Reibung an der senkrechten Gefäßwand charakterisieren wir durch die Schubspannung

$$\tau_w = \mu_o\, p_h = \mu_o\, k_a\, p_v \tag{1.26}$$

mit der Reibzahl $\mu_o \approx 1$. Die am Scheibenelement im Bild 8 angreifenden Kräfte sind:

$$F_o = A\Big(p_v + \frac{\mathrm{d}p_v}{\mathrm{d}z}\mathrm{d}z + g\,\rho\,\mathrm{d}z\Big), \quad F_u = A\,p_v \quad \text{und} \quad \mathrm{d}F_\tau = d\,\pi\,\tau_w\,\mathrm{d}z\,.$$

In obiger Gleichung ist $A = \frac{d^2\pi}{4}$. Das Kräftegleichgewicht an der Scheibe $F_o - F_u = \mathrm{d}F_\tau$ führt auf die gewöhnliche inhomogene lineare Dgl.

$$\frac{\mathrm{d}p_v}{\mathrm{d}z} - \frac{4}{d}\mu_o\, k_a p_v = -g\rho\,. \tag{1.27}$$

Die Lösung dieser Dgl. setzt sich additiv aus der Lösung der homogenen Dgl.

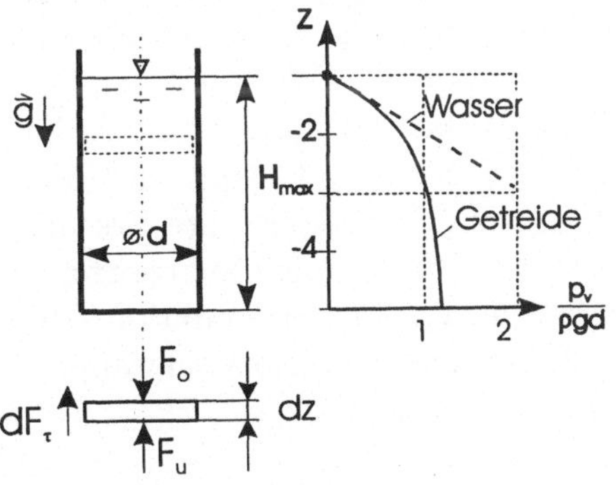

Bild 8 Schüttgutsilo mit Druckverteilung

$$\frac{\mathrm{d}p_v}{p_v} = \frac{4}{d}\mu_o\, k_a\,\mathrm{d}z \quad \rightarrow \quad p_v\big|_{hom} = C\,e^{4\mu_o k_a \frac{z}{d}} \tag{1.28}$$

und einer partikulären Lösung

$$p_v\big|_{part} = \frac{g\,\rho\,d}{4\,\mu_o\, k_a} \tag{1.29}$$

der inhomogenen Dgl. zusammen. Wir erhalten also

$$p_v = \frac{g\,\rho\,d}{4\,\mu_o\, k_a} + C\,e^{4\mu_o k_a \frac{z}{d}}\,.$$

Die Konstante C in dieser Gleichung bestimmen wir durch die Randbedingung $p_v = 0$ für $z = 0$. (Das z-Niveau liegt im Oberspiegel.) Die Rechnung ergibt

$$p_v = \frac{g\,\rho\,d}{4\,\mu_o\, k_a}\Big(1 - e^{4\mu_o k_a \frac{z}{d}}\Big) \quad \text{und} \quad z \le 0\,. \tag{1.30}$$

p_v ist ein Überdruck. Beträgt $|z| > 3\,d$, so strebt p_v gegen den Grenzwert

$$p_{v\infty} = \frac{g\,\rho\,d}{4\,\mu_o\,k_a}\,. \tag{1.31}$$

Der Bodendruck im Silo ist für $|z| > 3\,d$ praktisch unabhängig von der Füllhöhe. Die Körner am Boden werden also nicht zerquetscht, solange ihre Druckfestigkeit größer als der Druck $p_{v\infty}$ ist.

Beispiel 3:

In einem rechteckigen offenen Wassertank der Länge $L = 2\,\mathrm{m}$, der Breite $B = 0.6\,\mathrm{m}$ und der Höhe $H = 0.8\,\mathrm{m}$, der auf einem Truck steht, werden lebende Fische tranportiert. Während der Fahrt (Anfahren, Abbremsen, Kurvenfahrt) wird das Wasser im Tank beschleunigt.
Bestimmen Sie die Gestalt der Flüssigkeitsoberfläche, wenn der Tank in Fahrtrichtung x die konstante Beschleunigung b erfährt!
Wie ist der Tank auf dem Fahrzeug anzuordnen, und wie groß darf die maximale Wassertiefe $h_{max}(b)$ als Funktion der Beschleunigung gewählt werden, damit kein Wasser aus dem Tank schwappt?

Lösung: Ausgehend von der Grundgleichung, Gl.(1.7) und Bild 9 gilt für das beschleunigte Fluid

$$\nabla p = \vec{F}_v = \frac{\mathrm{d}\vec{F}}{\mathrm{d}V} = -\rho\,b\,\vec{e}_x - \rho\,g\,\vec{e}_y\,. \tag{1.32}$$

Wir erhalten die beiden partiellen Dgln.

$$\frac{\partial p}{\partial x} = -\rho\,b \quad \text{und} \quad \frac{\partial p}{\partial y} = -\rho\,g\,. \tag{1.33}$$

Wir suchen die Verteilung des Überdruckes $p = p(x,y)$ innerhalb des Wassers im Behälter. Die partielle Integration der ersten Gl.(1.33) nach x ergibt

$$p(x,y) = -\rho\,b\,x + f(y)\,.$$

Für die noch unbekannte Funktion $f(y)$ erhalten

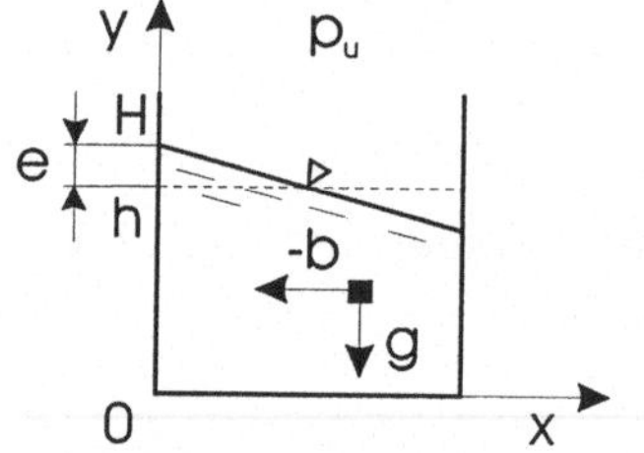

Bild 9 Wassertank unter der Beschleunigung

wir nach der zweiten Gl.(1.33) die gewöhnliche Dgl.

$$\frac{\partial p}{\partial y} = f'(y) = -\rho\,g\,. \tag{1.34}$$

Ihr Integral $f(y) = -g\,\rho\,y + C$ hängt von der Konstanten C ab. Für die Druckverteilung gilt dann

$$p(x,y) = -\rho\,b\,x - g\,\rho\,y + C\,. \tag{1.35}$$

Die Auslenkung des Wasserspiegels am Rand $x = 0$ aus der Ruhelage ist e. Es gilt

$$p(x = 0, y = h + e) = 0 = -g\,\rho(h + e) + C$$

oder $C = g\,\rho(h + e)$. In

$$p(x,y) = -\rho\,b\,x - g\,\rho\,y + g\,\rho(h + e) \tag{1.36}$$

ist e noch unbekannt. Die Gleichung der Oberfläche $y_o = y_o(x)$ folgt nun aus der Forderung $p(x, y_o) = 0$ zu $y_o = h + e - bx/g$. Die Gestalt der Flüssigkeitsoberfläche ist eine Gerade. Hieraus kann man sofort die Tankanordnung auf dem Truck festlegen. Der Tank muß so angeordnet sein, daß seine Längsachse L quer zur Fahrtrichtung weist. Nur dann läßt sich ein maximaler Wasserstand h_{max} verwirklichen. Er beträgt in Abhängigkeit der Beschleunigung $h_{max}(b) = H - bB/(2g)$. ∎
Weiterführende Beispiele sind der Literatur, z.B. [Ib97, Sp94, MO94] zu entnehmen.

1.8 Das Fließverhalten

Fluide sind wegen der Verschiebbarkeit ihrer Moleküle zueinander leicht verformbar, allerdings gegen einen geschwindigkeitsabhängigen Widerstand. Unsere Betrachtungen beschränken wir zunächst auf die Wirkung der Tangentialkräfte. Dazu betrachten wir die im Bild 10 skizzierte Anordnung zweier paralleler Platten, zwischen denen sich ein dünner zäher Ölfilm befindet.

Die untere Platte ruht, während die obere Platte, die von der Flüssigkeit auf der Fläche A benetzt wird, horizontal mit der Geschwindigkeit v_0 auf dem Flüssigkeitsfilm gezogen wird. Wir befragen das Experiment nach der Größe der dazu erforderlichen Kraft F.

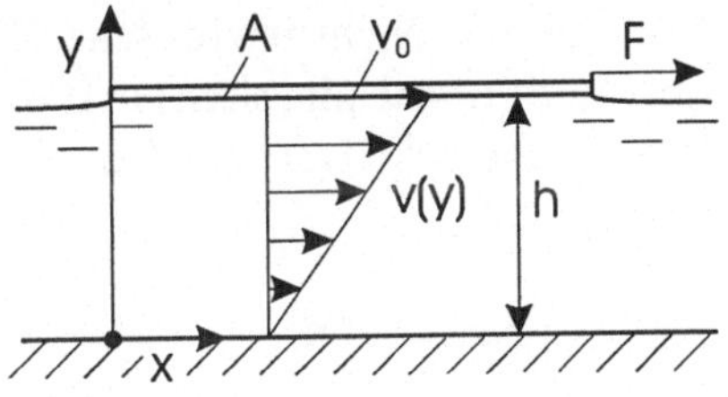

Bild 10 Schleppversuch einer Platte

Das Experiment läßt erkennen, daß das Fluid im Gegensatz zum Festkörper über keine Gestaltelastizität verfügt. Weiterhin stellen wir das Haften des Fluides an den Wänden fest. Das Fluid ruht an der unteren Platte, und es bewegt sich mit

v_0 mit der oberen Platte. Über den Spalt $0 \leq y \leq h$ stellt sich eine lineare Geschwindigkeitsverteilung $v(y) = v_0\, y/h$ bei laminarer Strömung ein. Den Begriff laminar erklären wir im Abschnitt 1.9 näher. Die erforderliche Schleppkraft F ist proportional A, v_0, η und $1/h$. Somit ergibt sich die Gleichung

$$F = \eta\, \frac{v_0}{h}\, A = \tau_W\, A\,. \tag{1.37}$$

In Gl.(1.37) ist η die **dynamische Viskosität** in Pa $\cdot$ s, eine Stoffeigenschaft. Sie kennzeichnet den Widerstand, der zwischen gleitenden Flüssigkeitschichten infolge molekularer Reibung auftritt. Die Schleppkraft F kann man nach Gl.(1.37) auch mit der Wandschubspannung τ_W und der Fläche A bilden. Im vorliegenden Beispiel ist

$$\tau_W = \eta\, \frac{v_0}{h}\,. \tag{1.38}$$

Die Schubspannung τ_W pflanzt sich von einer Flüssigkeitsschicht auf die Nachbarschicht in der y-Richtung bis zum unteren Rand $y = 0$ fort. Allgemein gilt für die Schubspannung in ebenen laminaren **Scherströmungen**

$$\tau = \eta\, \frac{\partial v}{\partial n} = \eta\, \dot{\gamma}\,. \tag{1.39}$$

In unserem Beispiel ist $dv/dy = v_0/h = \text{const}$ über $0 \leq y \leq h$. Die Koordinate n ist die in den fluiden Bereich weisende Wandnormale, und $\dot{\gamma} = \partial v/\partial n$ bezeichnet man als **Schergeschwindigkeit**.

Ist in Gl.(1.39) $\eta = \text{const}$, so handelt es sich um Newtonsche Fluide. Sie beginnen bei der geringsten Beanspruchung zu fließen, und ihr Zusammenhang zwischen **Schubspannung** und **Schergefälle** ist linear. Fluide, die davon abweichen, werden Nichtnewtonsche Fluide genannt. Beispielsweise muß beim Bingham-Fluid (linear plastisch) erst die einer Schubspannung τ_0 entsprechende **Fließgrenze** überschritten werden, ehe das Fließen einsetzt

$$\tau = \tau_0 + \eta\, \frac{\partial v}{\partial n}\,. \tag{1.40}$$

Die Viskosität der Fluide hängt stark von der Temperatur und erst bei großen Drücken (> 300 bar) vom Druck ab. Mit zunehmender Temperatur nimmt die Viskosität bei Flüssigkeiten ab, bei Gasen steigt sie an. In der Technik findet man auch noch die Einheit Poise für die dynamische Viskosität. Es gilt 1 Pa $\cdot$ s $= 10$ P (Poise). Im Normzustand $T_n = 273.15$ K und $p_n = 1.01325 \cdot 10^5$ Pa

<table>
<tr><td rowspan="2">haben Luft und Wasser folgende Dichten, dynamische Viskositäten und Schallgeschwindigkeiten:</td>
<td></td><td>ρ kg/m^3</td><td>η Pa · s</td><td>c m/s</td></tr>
<tr><td>Luft</td><td>1.2</td><td>$17.15 \cdot 10^{-6}$</td><td>344</td></tr>
</table>

	ρ kg/m^3	η Pa · s	c m/s
Luft	1.2	$17.15 \cdot 10^{-6}$	344
Wasser	998	$1789 \cdot 10^{-6}$	1452

Neben der dynamischen Viskosität wird auch die **kinematische Viskosität**

$$\nu = \frac{\eta}{\rho} \tag{1.41}$$

verwendet. Ihre Maßeinheit ist $[\nu] = $ m^2/s. Die in der Technik bisher übliche Einheit ist Stokes. Es gilt: $1\text{m}^2 \cdot \text{s}^{-1} = 10^4$ St (Stokes).
Im Bild 11 sind die **Fließkurven** einiger Fluide dargestellt.

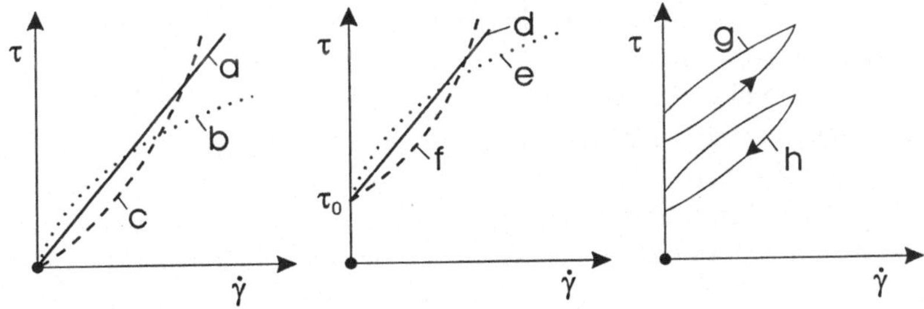

Bild 11 Klassifizierung der Fließkurven von Fluiden

Fließkurve	Fließverhalten	Fluide
a	Newtonsch	Wasser, Luft, leichte Öle
b	pseudoplastisch	hochpolymere Stoffe, Kautschuk
c	dilatant	Stärke, Farbe, Silicone
d	linear plastisch	Zahnpaste, Tomatenketchup
e	plastisch pseudoplastisch	Salben, Gallerte
f	dilatant plastisch	Harze
g	rheopex	Schmierstoffe
h	thixotrop	Kleister, Treibsand, Gelantine

Rheologische Fluide werden durch die Fließkurven b bis h gekennzeichnet. Die Fließkurven kann man experimentell mittels eines Rotationsviskosimeters aufnehmen. Das Viskosimeter kann nach den gebräuchlichen Systemen 'Zylinder/Zylinder' oder 'Platte/Kegel' arbeiten [Bö81].

1.9   Die Strömungsformen

In Natur und Technik bewegen sich Fluide unter dem Einfluß von Kräften in zwei verschiedenen Fließformen.

Bei kleinen charakteristischen Körperabmessungen und geringer Geschwindigkeit fließen zähe Fluide wie Honig, flüssiger Teer oder dickflüssige Öle laminar, d.h. geschichtet. Makroskopisch gesehen führen die Fluidelemente nur die Bewegung in Hauptströmungsrichtung aus, ohne sich nennenswert gegenseitig zu beeinflussen.

Schwach zähe Fluide wie Luft und Wasser fließen bei größeren Geschwindigkeiten und großen charakteristischen Körperabmessungen turbulent. Die turbulente Fließform unterscheidet sich von der laminaren Fließform dadurch, daß der Bewegung in Hauptströmungsrichtung stochastische Schwankungen der Geschwindigkeit, des Druckes und gegebenenfalls auch der Dichte und der Temperatur überlagert sind, selbst bei stationären Randbedingungen. Turbulente Strömungen sind bei genauer örtlicher Betrachtung stets instationär, dreidimensional und wirblig. Sie sind drehungsbehaftet (rot $\vec{v} \neq 0$). Die Zähigkeitskräfte des Fluides spielen eine wesentliche Rolle beim Zerfall der Wirbelstruktur. Durch den Wirbelzerfall wird ständig mechanische Energie in innere Energie umgewandelt (dissipiert).

Die stationäre turbulente Strömung schwankt um einen zeitlichen Mittelwert. Beispielsweise bildet man den Mittelwert der Geschwindigkeit am Ort $\vec{r}$ mittels des Integrals

$$\bar{\vec{v}}(\vec{r}) = \frac{1}{t} \int\limits_{\xi}^{\xi+t} \vec{v}(\vec{r}, \xi)\, \mathrm{d}\xi\,, \tag{1.42}$$

wobei das Zeitintervall t genügend groß zu wählen ist. Als instationär bezeichnet man turbulente Strömungen, bei denen sich die während relativ kurzer Zeiten t gebildeten Mittelwerte auch zeitlich ändern.

Die Turbulenz wirkt sich in einer Strömung in vielseitiger Weise aus. So ist die Durchmischung und damit der Impuls- und Energieaustausch einschließlich des Wärmeüberganges wesentlich besser als bei laminarer Fließform. Als Nachteil turbulenter Strömungen ist die größere Wandschubspannung, d.h. der größere Widerstand zu nennen. Turbulente Strömungen führen zu Vibrationen an umströmten Körpern (z.B. an Tragflügeln und Bauwerken). Die Böenbeanspruchung der Flugzeuge ist eine Folge der atmosphärischen Turbulenz. Schallwellen, die Turbulenzgebiete durchlaufen, erfahren eine Streuung und Dämpfung.

In Natur und Technik sind die laminaren Strömungen die Ausnahme. Wir nennen einige Beispiele. Laminar fließt das Fluid in Kapillaren, im Erdreich (Brunnen-, Sickerströmung), in Filtern. Teilweise laminar fließt das Fluid in Flammen (Kerze), in Gleitlagern, in Warmwasserleitungen und in Grenzschichten. Der Begriff Grenzschicht wird im folgenden noch definiert.

Der Umschlag der laminaren Strömungsform in die turbulente wurde zuerst von

Osborn Reynolds (1883) entdeckt. Der Umschlag hängt von der Reynolds-Zahl (Re), dem Verhältnis von Trägheits- zu Zähigkeitskraft, ab. Die Größe der kritischen Re-Zahl (Re_{krit}), bei der der Umschlag stattfindet, hat bei einem **Durchströmvorgang** eine andere Größenordnung als bei einem **Umströmvorgang** oder bei einem **Freistrahl**. In allen Fällen stellt sich für $Re < Re_{krit}$ die laminare Fließform ein und für $Re_{krit} < Re$ die turbulente. Wir besprechen die drei Fälle an jeweils einem Beispiel.

Das charakteristische Beispiel für alle Durchströmungsvorgänge ist das Rohr. Bild 12 zeigt die wesentlichen Unterschiede zwischen dem laminaren (links) und dem turbulenten Geschwindigkeitsprofil (rechts) bei

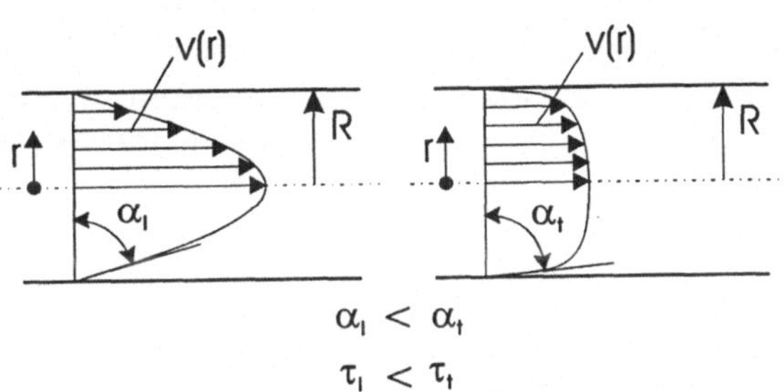

Bild 12 Laminare und turbulente Rohrströmung

annähernd gleichem Volumenstrom. Das laminare stationäre Geschwindigkeitsprofil ist parabolisch. Es genügt für inkompressibles Fluid der Gleichung

$$v(r) = \frac{\Delta p}{4\eta L}(R^2 - r^2)\,, \qquad (1.43)$$

die ein Integral der Bewegungsgleichung (Navier-Stokes-Gl.) zäher Fluide ist. Für die zeitlich gemittelte Geschwindigkeitsverteilung der turbulenten Strömung im Rohr hat man experimentell das $\frac{1}{7}$-Potenzgesetz

$$v(r) = v_{max}\left(1 - \frac{r}{R}\right)^{\frac{1}{n}} \quad \text{mit} \quad n = 7 \quad \text{für} \quad 10^4 < Re < 10^6 \qquad (1.44)$$

gefunden. Bei annähernd gleichem Volumenstrom hat das laminare Geschwindigkeitsprofil eine fast doppelt so große maximale Geschwindigkeit wie das turbulente Profil. Die Schwankungsbewegung transportiert beim turbulenten Profil Impuls und Energie aus der Rohrmitte in die Randzonen, so daß sich das Geschwindigkeitsprofil über dem Querschnitt ausgleicht. An der Wand ist der Anstieg α_t des turbulenten Geschwindigkeitsprofils größer als der entsprechende Anstieg α_l des laminaren Profils, was nach Gl.(1.39) die Ungleichung $\tau_l < \tau_t$ zur Folge hat. Bei den Durchströmvorgängen bildet man die Re-Zahl

$$Re = \frac{d_{gl}\, v_m}{\nu} \qquad (1.45)$$

mit der über dem Querschnitt gemittelten Geschwindigkeit v_m, der kinematischen Zähigkeit ν und dem gleichwertigen Durchmesser d_{gl}. Letzterer ist bei einem Kreisrohr mit dem Durchmesser d identisch. Bei einem Kanal, der keinen Kreisquerschnitt hat oder der nur teilweise mit Fluid gefüllt ist wie ein Abwasserkanal, ist

$$d_{gl} = \frac{4\,A}{U}\,.$$
(1.46)

A ist der durchströmte Querschnitt, und U ist der von der Flüssigkeit benetzte Umfang an der Ka-
nalwand, Bild 13. Die kritische Reynolds-Zahl hat man durch eine Vielzahl von Versuchen bestimmt.

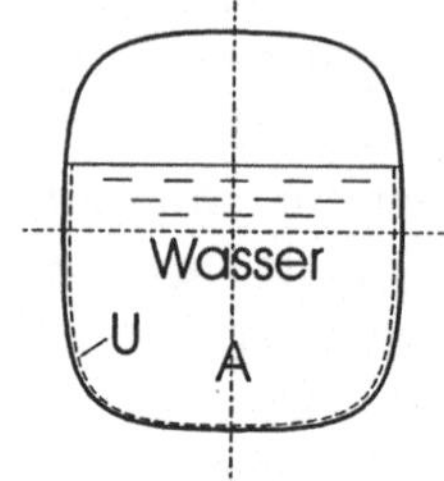

Bild 13 Teilweise gefüllter Kanal

Sie beträgt bei **Durchströmungsvorgängen** $1800 \leq \mathbf{Re_{krit}} \leq 2300$.

Auf Re_{krit} haben die Oberflächenrauhigkeit des Kanals, die Kanalaufhängung und die Gleichmäßigkeit der Einlaufströmung in den Kanal Einfluß. Bei einer störungsfreien Zuströmung in einen glatten Kanal kann die Strömung auch im Bereich $Re_{krit} \leq Re < 5 \cdot 10^4$ laminar gehalten werden. Die laminare Fließform ist dann aber instabil. Bei einer zufälligen Störung schlägt sie unter diesen Bedingungen in die turbulente Fließform um. Hingegen klingen in einer lami-
naren Durchströmung bei $Re < Re_{krit}$ Störungen stets ab. Sie führen nicht zum Umschlag der Fließform.

Das charakteristische Beispiel für einen Umströmungsvorgang ist die parallel an-
geströmte Platte (z.B. die Platte im Windkanal). Sie kann stellvertretend für die Umströmung schlanker Körper wie Tragflügel, Brückenpfeiler oder Schiffsrümp-
fe angesehen werden. Während sich bei der Durchströmung eines Rohres der Einfluß der Reibung über den gesamten Querschnitt erstreckt, beschränkt er sich bei Umströmungsvorgängen mit $Re > 10^4$ (die Re-Zahl ist mit der cha-
rakteristischen Körperabmessung, der Plattenlänge, zu bilden) auf eine dünne körpernahe Wandschicht. Innerhalb dieser Reibungsschicht wird das Fluid auf die Wandgeschwindigkeit, die bei ruhenden Wänden Null ist, abgebremst. Die körpernahe Reibungsschicht nennt man **Grenzschicht**. Nach Ludwig Prandtl (1904) kann man sich für $Re > 10^4$ das Strömungsfeld um den umströmten Körper in die Außenströmung und die körpernahe Reibungsschicht (Grenzschicht) zerlegt denken. In der Außenströmung sind die Zähigkeitskräfte ver-
schwindend klein gegenüber den Trägheitskräften. Innerhalb der Grenzschicht sind aber Zähigkeitskräfte und Trägheitskräfte von gleicher Größenordnung. Die Grenzschicht beginnt am vorderen Staupunkt (Plattenvorderkante). Sie verdickt sich mit zunehmender Lauflänge x. An der Plattenhinterkante hat die Grenzschichtdicke δ ihr Maximum erreicht. An einem festen Ort $0 < x \leq L$ nimmt δ mit wachsender Re-Zahl ab.

Während das Fluid in der Außenströmung (außerhalb der Grenzschicht) stets turbulent fließt, beobachtet man innerhalb der Grenzschicht in Abhängigkeit von Re für $Re_x < Re_{krit}$ die laminare und für $Re_x > Re_{krit}$ die turbulente Fließform ($Re_x = \frac{v_\infty x}{\nu}$). Die kritische Re-Zahl hat für **Umströmungsvorgänge** die Größenordnung $5 \cdot 10^5 \leq \mathbf{Re_{krit}} \leq 2 \cdot 10^6$. Im Bild 14 sind die Unterschiede zwischen den Geschwindigkeitsprofilen der laminaren und der turbulenten Grenzschicht dargestellt.

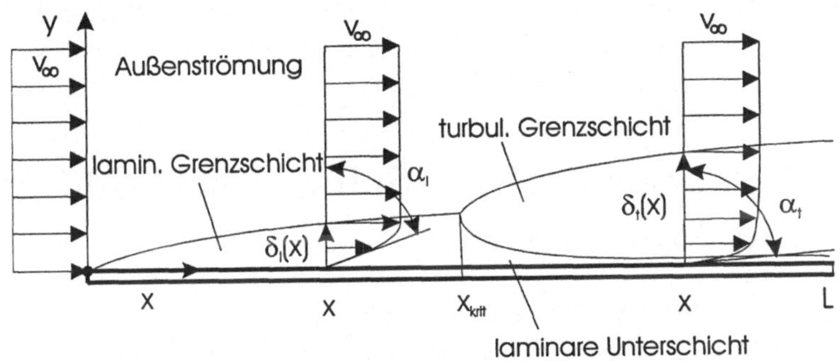

Bild 14 Laminare und turbulente Grenzschicht an einer Platte

Die sich an der Platte ausbildende Grenzschicht ist im Bild 14 stark überhöht eingezeichnet. Die Grenzschichtdicke an einem Brückenpfeiler erreicht nach 50 Meter Lauflänge etwa 3 bis 8 Millimeter. Bei kleiner Anströmgeschwindigkeit v_∞ und großer Fluidzähigkeit ν kann sich die laminare Fließform innerhalb der Grenzschicht bis zur Plattenhinterkante halten. Wächst aber v_∞, so wird der Umschlag in die turbulente Fließform bei $x = x_{krit}$ stattfinden, wie im Bild 14. Die Grenzschichtdicke δ vergrößert sich nach dem Umschlag in die turbulente Fließform infolge der turbulenten Schwankungsbewegung beträchtlich. Es ist $\delta_l < \delta_t << L$. Innerhalb der turbulenten Grenzschicht bildet sich in unmittelbarer Plattennähe eine laminare Unterschicht der Dicke $\delta_{lUnter} \approx (5\nu)/v^*$ aus. $v^* = \sqrt{\frac{\tau_W}{\rho}}$ ist die Wandschubspannungsgeschwindigkeit. δ_{lUnter} hängt von der Wandschubspannung τ_W ab. Das Geschwindigkeitsprofil der turbulenten Grenzschicht hat logarithmischen Charakter. Der Anstieg des Geschwindigkeitsprofils an der Wand ist in der turbulenten Grenzschicht größer als in der laminaren. Demzufolge gilt auch hier $\tau_{Wl} < \tau_{Wt}$. Die turbulente Grenzschicht erzeugt an der Platte einen größeren Widerstand als die laminare Grenzschicht. Die Grenzschichtdicke ist zu $v(x, \delta(x)) = 0.99 \cdot v_\infty$ definiert, [Al88].

Innerhalb der Grenzschicht ändert sich der Druck normal zur Wand nicht. Man sagt: die Außenströmung prägt der Grenzschicht ihren Druck auf. Auf beschleunigte und verzögerte Grenzschichten, sowie auf ihre Berechnung gehen wir hier nicht ein. Dazu sei auf die Literatur [GH92, SG96] verwiesen.

Abschließend weisen wir noch auf den Umschlag der Strömungsform beim Freistrahl hin. Ein aus einer Düse austretender **Freistrahl**, z.B. Luft in Luftumgebung oder Wasser in Wasserumgebung, fließt laminar, falls $Re < Re_{krit}$ ist, ansonsten fließt er turbulent. Die Re-Zahl ist mit dem Durchmesser d der Austrittsöffnung und der über dem Austrittsquerschnitt gemittelten Geschwindigkeit v_m zu bilden ($Re = \frac{v_m d}{\nu}$). Die kritische Re-Zahl beträgt $30 \leq \mathbf{Re_{krit}} \leq 50$. Den Umschlag laminar-turbulent eines Freistrahles nutzt man z.B. bei dem Turbulenzverstärker in der Automatisierungstechnik für digitale Schaltzwecke. Der Turbulenzverstärker mit einer Steuerdüse ist ein 0-1-Element, der mit zwei Steuerdüsen ist ein logisches NOR-Element.

1.10   Kompressibilität, Schallgeschwindigkeit und Mach-Zahl

Die Massendichte, kurz Dichte genannt, eines homogenen Fluides ist der Differentialquotient $\rho = \mathrm{d}m/\mathrm{d}V$. In einem einphasigen Fluid ist die thermische Zustandsgleichung $\rho = \rho(p, T)$ eine Funktion von Druck und Temperatur. Sie ist mit Ausnahme des idealen Gases sehr kompliziert und nur für wenige Flüssigkeiten in einem thermischen Zustandsbereich

$$\mathcal{B}_T = \{p, T \,|\, p_{min} \leq p \leq p_{max}, \; T_{min} \leq T \leq T_{max}\} \tag{1.47}$$

ausreichend gut bekannt. Wir setzen voraus, daß $\rho \in \mathcal{B}_T$ stetige partielle Ableitungen bis mindestens zweiter Ordnung besitzt. Die partiellen Differentialquotienten des totalen Differentials $\mathrm{d}\rho(p, T) = \frac{\partial\rho(p,T)}{\partial p}\mathrm{d}p + \frac{\partial\rho(p,T)}{\partial T}\mathrm{d}T$ sind der **isotherme Kompressibilitätskoeffizient**

$$K_{isoth}(p, T) = \frac{1}{\rho}\frac{\partial\rho(p, T)}{\partial p} \qquad (\text{mit} \quad T = \text{const}) \tag{1.48}$$

und der **isobare Volumenausdehnungskoeffizient**

$$\alpha(p, T) = -\frac{1}{\rho}\frac{\partial\rho(p, T)}{\partial T} \qquad (\text{mit} \quad p = \text{const}) . \tag{1.49}$$

Neben diesen Funktionen benutzt man noch den **isentropen Kompressibilitätskoeffizienten**

$$K_{isentr}(p, s) = \frac{1}{\rho}\frac{\partial\rho(p, s)}{\partial p} \qquad (\text{bei konstanter spezifischer Entropie } s) \tag{1.50}$$

und den **isochoren Spannungskoeffizienten**

$$\beta(\rho, T) = \frac{1}{p}\frac{\partial p(\rho, T)}{\partial T} \qquad (\text{mit} \quad \rho = \text{const}) . \tag{1.51}$$

In Gl.(1.50) und in der folgenden Definition der Schallgeschwindigkeit ist s die spezifische Entropie. Zwischen α, β und K_{isoth} besteht der Zusammenhang

$$\alpha(p,T) = K_{isoth}\, \beta\, p\,. \tag{1.52}$$

Ist die Beanspruchung des Fluides durch Druckänderung so gering, daß sich $K_{isoth}, K_{isentr}, \alpha$ und β in $\mathcal{B}_T$ nicht nennenswert ändern, so ersetzt man die Funktionen durch Konstante und spricht von Moduln. Der Kompressionsmodul von Wasser beträgt $K_0 = 0.5 \cdot 10^{-9}\,\mathrm{m^2/N}$.
Die Funktion

$$\rho(p,T) = \frac{p}{RT} \tag{1.53}$$

ist die **thermische Zustandsgleichung** idealer Gase. Hierin ist R die spezielle Gaskonstante, die für Luft $R = 287\,\mathrm{J/(kgK)}$ beträgt. Die thermodynamischen Eigenschaften der Stoffe werden z.B. in [IS99] besprochen.
Fluide sind mehr oder weniger stark kompressibel. Das absolut inkompressible Fluid existiert nur in der Modellvorstellung. In Fluiden breiten sich Druckänderungen (Störungen) als Welle mit endlicher Geschwindigkeit aus. Ist die durch die Störung verursachte Dichteänderung groß, so entsteht eine Stoßwelle (Explosion einer Bombe); ist die Dichteänderung infinitesimal (wie in der Akustik), so entsteht eine Schallwelle.

Definition 1.1: *Die Schallgeschwindigkeit c ist die Ausbreitungsgeschwindigkeit von Druckänderungen mit vernachlässigbaren Dichteänderungen.*

Für das Quadrat der Schallgeschwindigkeit gilt

$$c^2 = \frac{1}{\frac{\partial \rho(p,s)}{\partial p}} = \frac{\partial p(\rho,s)}{\partial \rho}\,. \tag{1.54}$$

Die Schallgeschwindigkeit ist im Gegensatz zur Strömungs- oder Teilchengeschwindigkeit eine Ausbreitungsgeschwindigkeit schwacher Störungen, die von den elastischen Eigenschaften des Fluides abhängt. Gase und Dämpfe, die bekanntlich stark kompressibel sind, haben eine geringere Schallgeschwindigkeit als schwach kompressible Flüssigkeiten. Um den Unterschied zwischen Strömungs- und Schallgeschwindigkeit zu erläutern, betrachten wir ein sehr langes mit Flüssigkeit gefülltes Rohr, das links durch einen verschiebbaren Kolben verschlossen ist. Im Bild 15 ist über dem Rohr die Weg-Zeit-Ebene

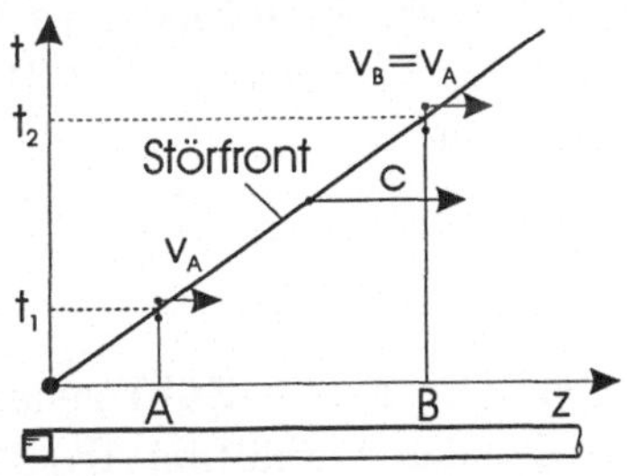

Bild 15 Die Bahn einer Störung in der
Weg-Zeit-Ebene

aufgetragen. Der Kolben und die Flüssigkeit im Rohr befinden sich anfangs in Ruhe. Zum Zeitpunkt $t = 0$ wird z.B. die Geschwindigkeit des Kolbens plötzlich von $v_k = 0$ auf $v_k = 2\,\mathrm{m/s}$ erhöht. Der Kolben bewegt sich dann mit konstanter Geschwindigkeit in das Rohr hinein. Der plötzliche Geschwindigkeitssprung des Kolbens ist eine Störung, die sich ihrerseits mit Schallgeschwindigkeit c nach rechts in die Flüssigkeit ausbreitet. Der im Fluid schwebende Beobachter A registriert die Störung zum Zeitpunkt t_1. Seine Geschwindigkeit ändert sich mit dem Eintreffen der Störung unstetig von $v_A = 0$ auf $v_A = v_k = 2$ m/s. Zum gleichen Zeitpunkt bleibt der Beobachter in B in Ruhe. Seine Geschwindigkeit ändert sich erst mit dem Eintreffen der Druckstörung zum Zeitpunkt t_2. Während die Schallgeschwindigkeit $c \approx 1400$ m/s ist, beträgt die Strömungsgeschwindigkeit in unserem Beispiel nur $v = 2$ m/s.

Die Schallgeschwindigkeit von Flüssigkeiten kann nach Gl.(1.54) mit dem Kompressibilitätskoeffizienten, Gl.(1.50), gebildet werden

$$c^2 = \frac{1}{\rho\, K_{isentr}} = \frac{E}{\rho}\,, \tag{1.55}$$

wobei E der **Volumenelastizitätskoeffizient** der Flüssigkeit ist. In schwach bis mäßig beanspruchten Flüssigkeiten ist $K_{isentr} \approx K_{isoth} = \text{const.}$

Ist die Zustandsänderung in einem stark kompressiblen Fluid (Gas) isentrop, dann folgt aus dem zweiten Hauptsatz der Thermodynamik [IS99] für das Differential der spezifischen Entropie

$$\mathrm{d}s = c_v \frac{\mathrm{d}p}{p} - c_p \frac{\mathrm{d}\rho}{\rho} \quad \text{mit} \quad \mathrm{d}s = 0 \quad \text{für} \quad c^2 = \frac{\mathrm{d}p}{\mathrm{d}\rho} = \frac{\varkappa\, p}{\rho}\,, \tag{1.56}$$

und mit der thermischen Zustandsgleichung idealer Gase $p = \rho R T$ erhalten wir die Beziehung

$$c = \sqrt{\varkappa R T}\,. \tag{1.57}$$

Die Schallgeschwindigkeit eines idealen Gases ist nur eine Funktion der Temperatur. Das Verhältnis der örtlichen Geschwindigkeit zur örtlichen Schallgeschwindigkeit

$$Ma = \frac{v}{c} \tag{1.58}$$

wird **örtliche Mach-Zahl** genannt. Die Mach-Zahl ist ein Ähnlichkeitsparameter, der das Verhältnis Trägheitskraft zu elastischer Kraft zum Ausdruck bringt. Strömungen mit $Ma << 1$ verhalten sich akustisch oder hydrodynamisch. Dichte- und Schallgeschwindigkeitsänderungen sind vernachlässigbar.

Strömungen mit $Ma < 1$ nennt man **Unterschallströmungen** (subsonic). In ihnen breiten sich Störungen des Druckes nach allen Richtungen (stromauf- und stromabwärts) aus.

Ist $Ma \approx 1$, so spricht man von schallnaher Strömung (sonic).

Strömungen mit $Ma > 1$ sind **Überschallströmungen** (supersonic), und ist $Ma \geq 5$, so handelt es sich um **Hyperschallströmungen** (hypersonic). In Strömungen mit $Ma \geq 1$ pflanzen sich Störungen nur noch stromabwärts in beschränkten Gebieten fort.

Der hier geschilderte Sachverhalt läßt sich am Beispiel der bewegten Schallquelle anschaulich erläutern. Im Grenzfall der ruhenden ($v = 0$) Schallquelle bilden im ungestörten Raum die periodisch ausgesandten Schallimpulse konzentrische

Kugelflächen, Bild 16a. Bild 16b zeigt die Lage der in äquidistanten Zeitabständen ausgesandten Schallwellen einer mit $v < c$ bewegten Schallquelle.

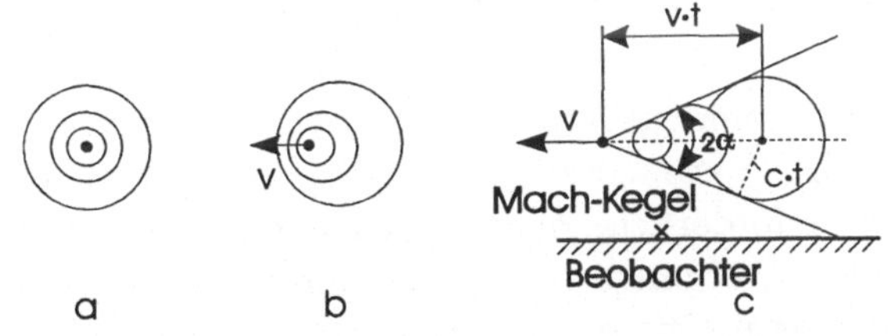

Bild 16 a) Schallquelle ruht, b) Schallquelle mit $v < c$, c) Schallquelle bewegt sich mit $v > c$

Die Schallquelle ist in jedem Punkt des Raumes akustisch wahrnehmbar. In Bewegungsrichtung vor der Schallquelle verdichten sich die Wellenfronten. Für einen ruhenden Beobachter, an dem sich die Schallquelle vorbeibewegt, ändert sich damit die Schallfrequenz (**Doppler-Effekt**).

Ist $v = c$, dann entsteht eine senkrechte Schallfront als Einhüllende aller Schallwellen, die in Bewegungsrichtung mit der Schallquelle wandert. Der Schall kann der bewegten Schallquelle nicht mehr voraus eilen, die Störung also nicht mehr stromaufwärts wandern.

Bewegt sich die Schallquelle mit Überschallgeschwindigkeit, $v > c$, so wird der Hörbarkeitsbereich der Schallquelle durch einen **Mach-Kegel** eingehüllt, dessen halber Öffnungswinkel α der Beziehung

$$\sin \alpha = \frac{c}{v} = \frac{1}{Ma} \tag{1.59}$$

genügt. Der Winkel α wird **Mach-Winkel** genannt. Halten wir die Schallquelle am Ort fest und lassen das Gas strömen, so ergeben sich relativ zur Schallquelle dieselben Wellenbilder. Wir erkennen hier einen ersten wichtigen Unterschied zwischen Unter- und Überschallströmung. Weitere Unterschiede werden im Abschnitt 4.5.1.3 besprochen.

2   Ähnlichkeit und Dimensionsanalyse

2.1   Ähnlichkeit

Die wenigsten realen Strömungsvorgänge lassen sich vollständig analytisch oder numerisch berechnen. Oft benötigt man für die Rechnung Informationen, die nur experimentell erhältlich sind. Experimentelle Ergebnisse dienen auch zur Überprüfung der physikalisch-mathematischen Modelle und ihrer numerischen Resultate.

Ob ein Strömungsvorgang analytisch, numerisch, experimentell-numerisch oder gänzlich experimentell untersucht wird, in allen Fällen sind Parametervariationen erforderlich, die oft kostspielig und zeitaufwendig sind. Die meisten Strömungsvorgänge hängen in komplexer Weise von der Geometrie und von strömungsspezifischen Größenarten ab. Wir geben dafür ein Beispiel.

Es ist der Druckverlust $\Delta p_v/L$ pro Leitungslänge eines glatten Rohres konstanten Innendurchmessers d bei stationärer Durchströmung zu bestimmen. Wir haben erfahren, daß $\Delta p_v/L$ von den Größen Durchmesser d, der über dem Querschnitt gemittelten Geschwindigkeit v_m, der Fluiddichte ρ und der kinematischen Viskosität ν abhängt, also der funktionelle Zusammenhang

$$\frac{\Delta p_v}{L} = f(d, v_m, \rho, \nu) \tag{2.1}$$

gilt. Um z.B. die Abhängigkeit $\Delta p_v/L$ von d zu erhalten, seien 10 Messungen mit 10 verschiedenen Durchmessern bei festgehaltenen v_m, ρ, ν-Werten erforderlich. Variieren wir nun v_m, ρ und ν nacheinander, wobei die nicht geänderten Größen konstant gehalten werden, so sind bei den vier unabhängigen Variablen d, v_m, ρ, ν, von denen $\Delta p_v/L$ abhängt, 10^4 Messungen erforderlich. Dauert jede Messung z.B. 0.5 Stunden, so wären bei einem achtstündigen Arbeitstag $2\frac{1}{2}$ Jahre erforderlich, um alle Messungen auszuführen, eine nicht akzeptable Dauer. Mit den Gesetzmäßigkeiten der Ähnlichkeitstheorie läßt sich die Zahl der notwendigen Versuche wesentlich verringern. Im vorliegenden Fall hängt die Strömungsaufgabe (Durchströmung) von zwei Ähnlichkeitsparametern ab, der **Euler-Zahl** Eu und der **Reynolds-Zahl** Re. Es gilt nämlich

$$Eu = \frac{\Delta p_v}{\frac{\rho}{2} v_m^2} = f(Re) \quad \text{mit} \quad Re = \frac{v_m\, d}{\nu}. \tag{2.2}$$

Die Abhängigkeit $Eu = f(Re)$ ist bereits durch 10 Versuche statt durch 10^4 Versuche bestimmt.

Die Ähnlichkeitstheorie beantwortet noch eine zweite wichtige Fragestellung. Experimentelle Untersuchungen lassen sich am Original (full-size prototype) oft aus Kostengründen nicht durchführen. Man nimmt in diesen Fällen die Untersuchungen an einem Modell vor, das in der Regel gegenüber dem Original geometrisch verkleinert ist. Wie hat man nun die am Modell durch Messung erhaltenen Ergebnisse auf das Original zu übertragen? Die Ähnlichkeitstheorie gibt hierauf eine Antwort.

Wie wir an dem obigen Beispiel festgestellt haben, hängen physikalische Vorgänge von Größenarten ab. Die **Größenart** beinhaltet Größen der gleichen Art. So bilden alle eindimensionalen geometrischen Größen (Durchmesser, Förderhöhe usw.) eines Vorganges die Größenart Länge. Unter einer **Größe** versteht man hingegen eine bestimmte physikalische Eigenschaft, wie den Druck p, die Dichte ρ, das Volumen V, die Temperatur T, die Zähigkeit ν. Die Größe setzt sich aus dem Produkt **Maßzahl** (Zahl) und **Maßeinheit** (Einheit) zusammen. Es ist

$$L = 10\,\mathrm{m} = \{L\}\,[L] \quad \begin{cases} \{L\} = 10 & \text{die Maßzahl}, \\ [L] = \mathrm{m} & \text{die Maßeinheit}. \end{cases} \tag{2.3}$$

Größen, die voneinander unabhängig sind, nennt man **Basisgrößen**.

Beispielsweise wird die Beschleunigung einer Einzelmasse durch das Newtonsche Grundgesetz

$$F = M\frac{v}{t} \quad \text{mit} \quad v = \frac{s}{t}$$

beschrieben. In diesen beiden Gleichungen kommen die 5 Größen, nämlich Kraft F, Masse M, Geschwindigkeit v, Weg s und Zeit t vor. Sie sind durch zwei Gleichungen verknüpft. Folglich kann man nur $5 - 2 = 3$ Basisgrößen frei wählen. Mit den Basisgrößen läßt sich ein **Maßsystem** aufbauen. Das hier benutzte SI-Maßsystem benutzt die Grundeinheiten m (Meter), kg (Kilogramm), s (Sekunde). Weitere Grundeinheiten sind K (Kelvin), A (Ampere) und cd (Candela).

Satz 2.1: *Ist das Verhältnis von Maßzahl $\times$ Maßeinheit einer Größe in zwei Maßsystemen gleich Eins, dann ist die betreffende Größe invariant gegenüber der Maßeinheit.*

Beispielsweise ist die Länge L invariant gegenüber der Änderung der Maßeinheit, denn $\frac{5\,\mathrm{m}}{5000\,\mathrm{mm}} = \frac{5 \cdot 1000\,\mathrm{mm}}{5000\,\mathrm{mm}} = 1$.

> **Satz 2.2:** *Maßeinheiten, in deren Definitionsgleichung nur eine Eins vor-*
> *kommt, heißen zusammenhängend oder kohärent.*

Beispielsweise sind 1 Nm = 1 J kohärent, aber 1° C = 274.15 K und 1 kcal =
4186.8 J sind nicht kohärent.

Das SI-Maßsystem benutzt für strömungstechnische Vorgänge die Grundeinheiten m (Meter), kg (Kilogramm), s (Sekunde) und K (Kelvin).

Voraussetzungen zur Anwendung der Ähnlichkeitstheorie sind:

1. Es müssen die den physikalischen Vorgang bestimmenden unabhängigen
   Größen bekannt sein.

2. Die Größen müssen invariant sein gegenüber der Änderung des Maßsy-
   stems, und die Maßeinheiten müssen kohärent sein.

Das Auffinden der bestimmenden unabhängigen Größen erfordert Sachkenntnis
vom betreffenden Vorgang und Erfahrung. Übersehene Größen reduzieren die
Anzahl der Kennzahlen und führen zu einer Fehleinschätzung. Größen, von
denen der Vorgang nicht abhängt, vermehren die Anzahl der Kennzahlen und
damit den experimentellen Aufwand.

> **Definition 2.1:** *Zwei Strömungen werden als ähnlich bezeichnet, wenn*
> *die geometrischen und die charakteristischen physikalischen Größen der*
> *Strömungsfelder, letztere in der Kombination der Kennzahlen, zu entsprechen-*
> *den Zeiten jeweils ein festes Verhältnis miteinander bilden.*

2.1.1   Buckingham PI-Theorem

Ein physikalischer Vorgang sei von insgesamt n dimensionsbehafteten Größen
$q_1, q_2, \cdots, q_n$ abhängig. Den funktionellen Zusammenhang beschreibe die Funktion $g(q_1, q_2, \cdots, q_n) = 0$. Die Maßeinheiten dieser n Größen werden durch m
Grundeinheiten (häufig ist in der Strömungslehre $m = 3$) gebildet. Das Buck-
ingham Theorem sagt nun aus, daß sich die n dimensionsbehafteten Größen zu
$n - m = r$ Kennzahlen Kz (dimensionslosen Ähnlichkeitsparametern) kombi-
nieren lassen, so daß unser physikalischer Vorgang nur noch von r Kennzahlen
(dimensionslosen Größen) abhängt, also $G(Kz_1, Kz_2, \cdots, Kz_r) = 0$ gilt. Das
Theorem gibt keine Auskunft über den funktionellen Charakter.

2.1.2   Methoden zur Bestimmung der Kennzahlen

Die Kennzahlen (Ähnlichkeitsparameter) lassen sich mit Hilfe der Methode der
gleichartigen Größen bilden oder über die Skalierung der Differentialgleichungen

und ihrer Anfangs-Randbedingungen oder mit der Dimensionsanalyse. Auf die Dimensionsanalyse gehen wir ausführlich ein. Die Methode der gleichartigen Größen erläutern wir nur an einem Beispiel.

Wie im Abschnitt 3 näher ausgeführt wird, setzt sich die Beschleunigung (Beschleunigungskraft pro Masseneinheit) einer Fadenströmung $b = \frac{\partial v}{\partial t} + v \frac{\partial v}{\partial z}$ aus der lokalen und der konvektiven Trägheitskraft pro Masseneinheit zusammen. Wir drücken diese Beschleunigungsanteile mit Hilfe der den Strömungsvorgang bestimmenden charakteristischen Größen v_o, t_o, L_o aus:

$$\frac{\partial v}{\partial t} \approx \frac{v_o}{t_o} \quad \text{und} \quad v\frac{\partial v}{\partial z} \approx \frac{v_o^2}{L_o}.$$

Das Verhältnis der lokalen zur konvektiven Trägheitskraft pro Masseneinheit ist die **Strouhal-Zahl**

$$Sr = \frac{\frac{v_o}{t_o}}{\frac{v_o^2}{L_o}} = \frac{L_o}{v_o\,t_o}. \tag{2.4}$$

Ihre Bedeutung erkennen wir an folgendem Beispiel:

Ist L_o die Länge eines in einem Fluß vor Anker liegenden Schiffes, das mit der Geschwindigkeit v_o angeströmt wird, so ist $L_o/v_o = t_{Um}$ die charakteristische Zeit für den Umströmungsvorgang. t_o dagegen ist jene Zeit bis zur nächsten Hochwasserwelle (die Zeitdauer bis zu der die Anströmung instationär wird). Ist mit der instationären Anströmung erst in mehreren Stunden oder gar Tagen zu rechnen, dann ist $Sr = t_{Um}/t_o \ll 1$. Strouhal-Zahlen mit $Sr \ll 1$ kennzeichnen eine stationäre Umströmung, $Sr < 1$ eine quasistationäre Strömung und $Sr \geq 1$ eine instationäre Strömung.

Auf die Skalierung der Differentialgleichungen und ihre Anfangs-Randwerte gehen wir hier nicht näher ein.

2.2 Dimensionsanalyse

Mit Hilfe der Dimensionsanalyse lassen sich die Kennzahlen als Potenzprodukt der den Strömungsvorgang bestimmenden unabhängigen Größen bilden.

Wir betrachten die unabhängigen Größen,

charakteristische geometrische Größe: die Länge L in m,

kinematische und dynamische Größen:

die Zeit	t in s,	die Geschwindigkeit	v in m/s,
der Druck	p in kg/(ms^2),	die Erdbeschleunigung	g in m/s^2

stoffliche Größen:

die Dichte ρ in $\frac{kg}{m^3}$,   die kinematische Zähigkeit ν in $\frac{m^2}{s}$,
die Schallgeschwindigkeit c in $\frac{m}{s}$,   die Kapillarkonstante σ in $\frac{kg}{s^2}$

von denen eine Vielzahl strömungstechnischer Aufgabenstellungen abhängen.
Jede der genannten Größen besitzt eine Maßeinheit, die sich stets als Potenzprodukt der Grundeinheiten m, s, kg darstellen läßt. Diese Eigenschaft nutzen
wir bei der Bildung der Kennzahlen. Die Kennzahl kann folglich als das Potenzprodukt der oben genannten Größen gebildet werden. Sie muß dimensionslos
sein. Da die Maßeinheiten der obigen Größen von insgesamt drei Grundeinheiten gebildet werden, benötigen wir im allgemeinen Fall vier Größen zur Bildung
der Kennzahl

$$Kz = v^\alpha \, l^\beta \, \rho^\gamma \, \varepsilon^\delta, \quad \text{mit} \quad [Kz] = m^0 \, s^0 \, (kg)^0, \tag{2.5}$$

wobei $\varepsilon \in [t, p, \nu, c, g, \sigma]$ eine Größe mit der Maßeinheit $m^a \, s^b \, (kg)^c$ ist. Die
Exponenten α, β, γ und δ im **Kennzahlansatz** (2.5) sind so zu bestimmen,
daß Kz dimensionslos ist. Die Exponenten a, b, c ergeben sich bei der Wahl von
ε. Ist z.B. $\varepsilon = t$, so ergeben sich $a = 0$, $b = 1$ und $c = 0$.
In Gl.(2.5) führen wir die jeweiligen Maßeinheiten ein. Wir erhalten:

$$\begin{aligned}
[Kz] = m^0 \, s^0 \, (kg)^0 &= (ms^{-1})^\alpha \, m^\beta \, (kgm^{-3})^\gamma \, (m^a s^b (kg)^c)^\delta, \\
&= m^{\alpha+\beta-3\gamma+a\delta} \, s^{-\alpha+b\delta} \, (kg)^{\gamma+c\delta}.
\end{aligned} \tag{2.6}$$

Der Koeffizientenvergleich bezüglich m, s und kg führt auf das Gleichungssystem:

$$\begin{aligned}
\alpha + \beta - 3\gamma + a\delta &= 0 \\
-\alpha + b\delta &= 0 \\
\gamma + c\delta &= 0.
\end{aligned} \tag{2.7}$$

Dieses Gleichungssystem ist homogen. Es wird dadurch zu einem inhomogenen
System, indem wir $\alpha = 1$ willkürlich vorgeben. In dem inhomogenen Gleichungssystem

$$\begin{aligned}
\beta - 3\gamma + a\delta &= -1 \\
b\delta &= 1 \\
\gamma + c\delta &= 0
\end{aligned} \tag{2.8}$$

stimmt nun die Anzahl der Unbekannten mit der Anzahl der Gleichungen überein. Unter der Voraussetzung einer von Null verschiedenen Koeffizientendeter-
minante ($b \neq 0$) hat das Gleichungssystem (2.8) die Lösung:

$$\alpha = 1, \quad \beta = -\frac{1}{b}(a + b + 3c), \quad \gamma = -\frac{c}{b} \quad \text{und} \quad \delta = \frac{1}{b}. \tag{2.9}$$

Wir setzen nun der Reihe nach $\varepsilon = t$, p, ν, g, c und σ und erhalten in dieser Reihenfolge die Kennzahlen Sr (Strouhal), Eu (Euler), Re (Reynolds), Fr (Froude), Ma (Mach) und We (Weber). Die folgende Tabelle enthält die Kennzahlen. Ähnlichkeitsparameter wichtiger strömungstechnischer Vorgänge sind:

$Re = \frac{vl}{\nu}$	Reynolds-Zahl	$Eu = \frac{\Delta p}{\rho v^2}$	Euler-Zahl
$Re \cdot Eu = Ha$	Hagen-Zahl	$Sr = \frac{l}{tv} = \frac{fl}{v}$	Strouhal-Zahl
$Ma = \frac{v}{c}$	Mach-Zahl	$Fr = \frac{v}{\sqrt{gl}}$	Froude-Zahl
$We = \frac{\rho v^2 l}{\sigma}$	Weber-Zahl	$Ec = \frac{v^2}{c_p T_w}$	Eckert-Zahl
$Pr = \frac{\eta c_p}{\lambda_w}$	Prandtl-Zahl	$Pe = Pr \cdot Re$	Péclet-Zahl

Verhältnisse von gleichartigen Größen wie d/l, Ca $= T/(T - T_o)$ (Carnot-, Zahl), Cr $= v/v_{max}$ (Crocco-, Zahl) oder Gy $= 1/(\alpha \Delta T)$ (Gay-Lussac-, Zahl) nennt man **Ähnlichkeitssimplexe**.
Die einfache Ähnlichkeit [Ha72] verlangt, daß die Kennzahlen am Modell und Original gleich sind. Eine vollständige Ähnlichkeit zwischen Original und Modell ist nicht immer möglich.

2.2.1 Die Bedeutung einiger Kennzahlen

Wir gehen auf die praktische Bedeutung einiger ausgewählter Kennzahlen ein. Die **Re-Zahl** ist das Verhältnis von Trägheits- zu Zähigkeitskraft. Sie beschreibt die Strömungsformen und ihren Umschlag. Die Re-Zahl tritt in fast allen Strömungsaufgaben auf.
Die **Eu-Zahl** ist das Verhältnis von Druck- zu Trägheitskraft. Sie ist gleichbedeutend mit dem **Widerstandsbeiwert** $c_w = F_w / (\frac{\rho}{2} v^2 A) = 2Eu$, der das Widerstandsverhalten umströmter Körper beschreibt. c_w ist das Verhältnis von Widerstandskraft zu dem Geschwindigkeitsdruck der Anströmung und dem Spantquerschnitt A des angeströmten Körpers. Der c_w-Beiwert eines Pkw beträgt derzeit $c_w \approx 0.3$.
Die **Fr-Zahl** ist das Verhältnis von Trägheits- zu Schwerkraft. Sie beschreibt die Strömungen, die von der Schwerkraft angetrieben oder beeinflußt werden wie z.B. die Flußströmung, die Bugwelle vor einem Schiff oder den Rieselfilm. Eine Gerinne- oder Flußströmung mit $Fr < 1$ nennt man fließend oder strömend, eine Strömung mit $Fr > 1$ schießend. Die fließende Gerinneströmung ist durch einen hohen Wasserstand und eine geringe Geschwindigkeit gekennzeichnet. Wasser,

das schießend fließt, erkennt man an der geringen Wassertiefe und der hohen Strömungsgeschwindigkeit. In schießendem Wasser breiten sich Oberflächenwellen, die durch einen in das Wasser geworfenen Stein entstehen, nur stromabwärts aus. Der Übergang einer fließenden in eine schießende Strömung verläuft stetig, die Umkehrung aber unstetig in Form eines **Wechselsprunges** (Wasserwalze). Den Vorgang kann man in Tosbecken überströmter Wehre beobachten. Der Wechselsprung entspricht in der Gasdynamik dem **Verdichtungsstoß**[1]. Zwischen der Flachwasserströmung und der ebenen Gasströmung existiert eine Analogie.

Die **Ma-Zahl** ist das Verhältnis von Trägheitskraft zu elastischer Kraft. Gasströmungen mit $Ma << 1$ verhalten sich quasi hydrodynamisch. Gasströmungen mit $Ma < 1$ sind Unterschallströmungen (subsonic), mit $Ma > 1$ Überschallströmungen (supersonic). Der Übergang von einer Unterschallströmung in eine Überschallströmung verläuft stetig. Der Übergang einer Überschall- in eine Unterschallströmung ist stets mit einem Verdichtungsstoß verbunden. Strömungen mit Stößen sind verlustbehaftet. Die Entropie steigt über der Stoßfront an. Beim Durchgang durch die Schallgrenze (Ma =1) ändert sich der Typ der den gasdynamischen Vorgang beschreibenden Differentialgleichungen.

Die **We-Zahl** ist das Verhältnis von Trägheits- zu Kapillarkraft (Oberflächenkraft). Sie tritt bei der Ausbreitung dünner Flüssigkeitsfilme (Verstreichen von Farbe) und beim Rieselfilm auf.

Auf die Bedeutung der Sr-Zahl sind wir schon eingegangen.

Die obige Tabelle enthält nur die wichtigsten Kennzahlen, die bei Strömungsvorgängen auftreten.

Beispiel 4:

Wird ein beiderseits offenes enges Glasrohr (Kapillare) lotrecht in Wasser getaucht, dann wird das Wasser infolge des Randwinkels zwischen Luft, Glas und Wasser und der Grenzflächenspannung in dem Rohr heraufgezogen. Nach dem Experiment ist die Steighöhe Δh des Wassers in der Kapillare eine Funktion des Durchmessers D, der Wasserdichte ρ, der Erdbeschleunigung g und der Oberflächenspannung σ, also $\Delta h = f(D, \rho, g, \sigma)$. Von welchen Kennzahlen (Ähnlichkeitsparametern) und Simplexen hängt dieser Vorgang ab?

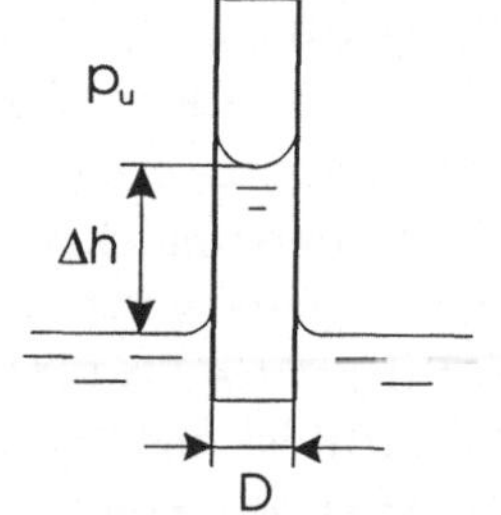

Bild 17 Wasser in der Kapillare

Lösung: Die Maßeinheiten der Größen sind:

---

[1]Der Verdichtungsstoß ist eine Stoßwelle, d.h. eine endliche Störung, die sich mit Überschallgeschwindigkeit im Strömungsfeld ausbreitet.

$$[\Delta h] = \mathrm{m}, \quad [D] = \mathrm{m}, \quad [\rho] = \mathrm{kg/m^3}, \quad [g] = \mathrm{m/s^2} \quad [\sigma] = \mathrm{kg/s^2}\,.$$

Die Maßeinheiten der Größen werden durch die drei Grundeinheiten m, kg, s gebildet. Insgesamt hängt der Vorgang von 4-3=1 Ähnlichkeitsparameter ab und dem Simplex $S_1 = \frac{\Delta h}{D}$. Den Ähnlichkeitsparameter können wir nicht direkt der Tabelle entnehmen. Wir bestimmen ihn über den Ansatz

$$[Kz] = \mathrm{m^0 s^0 (kg)^0} = D^\alpha \rho^\beta g^\gamma \sigma^\delta = \mathrm{m}^{\alpha-3\beta+\gamma}\mathrm{(kg)}^{\beta+\delta}\mathrm{s}^{-2(\delta+\gamma)}\,.$$

Wir setzen $\gamma = 1$ und erhalten das Gleichungssystem

$$
\begin{aligned}
\alpha - 3\beta &= -1 \\
\beta + \delta &= 0 \\
\delta &= -1
\end{aligned}
\tag{2.10}
$$

für die unbekannten Exponenten. Das inhomogene Gleichungssystem hat die Lösung $\delta = -1, \quad \beta = 1, \quad \alpha = 2$ und $\gamma = 1$. Damit ergibt sich der Ähnlichkeitsparameter

$$Kz_1 = \frac{D^2 g\rho}{\sigma} \quad \text{oder} \quad Kz_2 = \frac{\sigma}{D^2 g\rho}\,.$$

Es gilt also der Zusammenhang

$$\frac{\Delta h}{D} = S_1 = f\left(\frac{\sigma}{D^2 g\rho}\right) = f\left(\frac{(Fr)^2 S_1}{We}\right)\,. \quad \blacksquare$$

3 Kinematik der Fluide

Die Kinematik ist die Lehre von der Bewegung der Fluide ohne Einbeziehung der Kräfte, die diese Bewegung verursachen.

Das betrachtete Fluid habe unter räumlich konstanten Bedingungen (gleicher Druck und gleiche Temperatur) gleiche physikalische Eigenschaften, d.h., das Fluid ist homogen. Es besteht gedanklich aus infinitesimalen Fluidelementen, die dicht gepackt sind.

Die zusammenhängende Menge aller Fluidelemente bezeichnen wir als den **Körper** $\mathcal{K}$. Der Körper $\mathcal{K}$ ist demnach ein mit Materie (Fluid) kontinuierlich ausgefülltes Gebiet G im Raum $\mathcal{R}^3$.

In der klassischen Kontinuumsmechanik wird der Euklidische Raum $\mathcal{R}^3$ den Betrachtungen zu Grunde gelegt. Alle Punkte des $\mathcal{R}^3$ sind gleichberechtigt.

Mit der Festlegung eines Koordinatenursprungs $O \in \mathcal{R}^3$, eines darin errichteten Koordinatensystems und einer Metrik (Abstandsbegriff) wird der Raum meßbar. Häufig verwendet man ein erdfestes (raumfestes) dreidimensionales kartesisches Koordinatensystem. Dieses Koordinatensystem ist näherungsweise ein Inertialsystem[1]. Von dem Ursprung O dieses Koordinatensystems aus kennzeichnen wir jeden Raumpunkt durch einen Ortsvektor $\vec{x} \in \mathcal{R}^3$ bzw.

$$\vec{x} = \sum_{i=1}^{3} \vec{e}_i x_i = \vec{e}_i x_i, \quad i = 1,2,3 \text{ (über } i \text{ summiert)}.$$

Der Abstand zwischen beliebigen Punkten $\vec{x}, \vec{y} \in \mathcal{R}^3$ ist zu $|\vec{x} - \vec{y}|^2 = \sum_{i=1}^{3}(x_i - y_i)^2$ definiert. Innerhalb des festgelegten Koordinatensystems werden wir die Bewegung (Bahn einzelner Fluidelemente), ihre Visualisierung und weitere kinematische Eigenschaften der Fluidelemente verfolgen und beschreiben. Zwischen den Raumpunkten und den Fluidelementen, die nur einen Teil des $\mathcal{R}^3$ belegen ($G \subset \mathcal{R}^3$), muß streng unterschieden werden.

3.1 Kontinuitätsaxiome, Konfiguration und Bewegung

Folgende Kontinuitätsaxiome gelten in der Strömungsmechanik:

1. Jedes Fluidelement wird zu einem beliebigen Zeitpunkt dem Raumpunkt zugeordnet (auf den Raumpunkt abgebildet), in dem es sich zu diesem Zeitpunkt befindet. Aber nicht jeder Raumpunkt ist auf ein Fluidelement abbildbar.

2. Ein Fluidelement kann sich nicht gleichzeitig in unterschiedlichen Raumpunkten befinden.

3. In einem Raumpunkt können sich nicht gleichzeitig mehrere Fluidelemente befinden.

Um ausgewählte Fluidelemente zu benennen bzw. zu kennzeichnen, bilden wir sie zu einem bestimmten Zeitpunkt t_0, dem **Referenzzeitpunkt**, auf die Raumpunkte des vorgegebenen Koordinatensystems ab. Das Fluidelement, das sich zum Referenzzeitpunkt t_0 am Ort $\vec{x}_0$ befindet, trägt den Namen $\vec{x}_0; t_0$. Die Abbildung der Fluidelemente auf die Raumpunkte, in denen sie sich zum Referenzzeitpunkt befinden, nennt man eine **Konfiguration**.

---

[1]Ein Koordinatensystem, in dem bei fehlenden äußeren Kräften das Trägheitsgesetz $\frac{\mathrm{d}^2 \vec{x}}{\mathrm{d}t^2} = 0$ gilt, ist ein Inertialsystem.

Definition 3.1: *Unter einer Konfiguration des Körpers $\mathcal{K}$ verstehen wir eine stetige und ein-eindeutige Zuordnung von Ortsvektoren zu den Fluidelementen von $\mathcal{K}$ zum Referenzzeitpunkt t_0.*

Definition 3.2: *Einen Körper $\mathcal{K}$ nennt man homogen, wenn er ortsunabhängige Eigenschaften besitzt.*

Definition 3.3: *Sind die physikalischen Eigenschaften des Körpers $\mathcal{K}$ richtungsunabhängig, so nennt man $\mathcal{K}$ isotrop, anderenfalls anisotrop.*

Wir definieren nun die Bewegung des Körpers $\mathcal{K}$.

Definition 3.4: *Eine zweimal stetig differenzierbare zeitliche Aufeinanderfolge $(t_1 < t_2 < \cdots < t_n)$ von Konfigurationen*

$$\vec{x}_1 = f(\vec{x}_0, t_1; t_0),$$
$$\vec{x}_2 = f(\vec{x}_0, t_2; t_0),$$
$$\vdots \tag{3.1}$$
$$\vec{x}_n = f(\vec{x}_0, t_n; t_0)$$

ist eine Bewegung des Körpers.

Nach der Folge (3.1) befindet sich das Fluidelement mit dem Namen $\vec{x}_0; t_0$ zum Zeitpunkt $t > t_0$ am Ort

$$\vec{x} = f(\vec{x}_0, t; t_0) = \vec{x}(\vec{x}_0, t; t_0), \tag{3.2}$$

Bild 18. Die Referenzzeit t_0 und der Referenzort $\vec{x}_0$ sind in Gl.(3.2) die Parameter, die Zeit t ist die Variable. Für $t = t_0$ folgt aus der Gl.(3.2) $\vec{x} = f(\vec{x}_0, t_0; t_0) = \vec{x}_0$. Der Ort $\vec{x}$ des Fluidelementes $\vec{x}_0; t_0$ ist zu jedem Zeitpunkt t eindeutig nach Gl.(3.2) bestimmt.

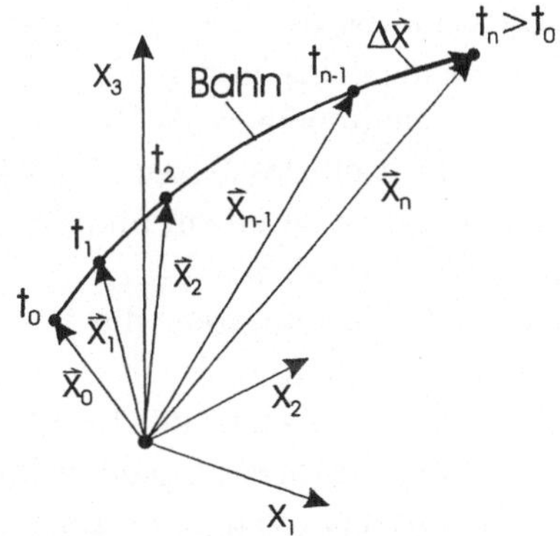

Bild 18 Lage des Fluidelementes zu verschiedenen Zeiten

Die Umkehrung dieses Sachverhaltes gilt nicht, Bild 19. Der Punkt $\vec{x}$ ist Doppelpunkt der Bahn [Ze96].

Andererseits befindet sich am Ort $\vec{x}$ zum Zeitpunkt t stets das Fluidelement

$\vec{x}_0; t_0$, d.h., es gilt

$$\vec{x}_0 = f^*(\vec{x}, t; t_0) = \vec{x}_0(\vec{x}, t; t_0) \qquad (3.3)$$

mit t als Variable und $\vec{x}, t_0$ als Parameter. Gl.(3.3) besagt: An jedem Ort $\vec{x}_j$ befindet sich zum Zeitpunkt t
ein und nur ein Fluidelement mit dem Namen $\vec{x}_{0j}; t_0$.
Die Abbildungen (3.2) und (3.3) sind stetig in ihren
Argumenten. Anschaulich bedeutet das, daß ein Aus-
einanderreißen des Fluides nicht möglich ist.

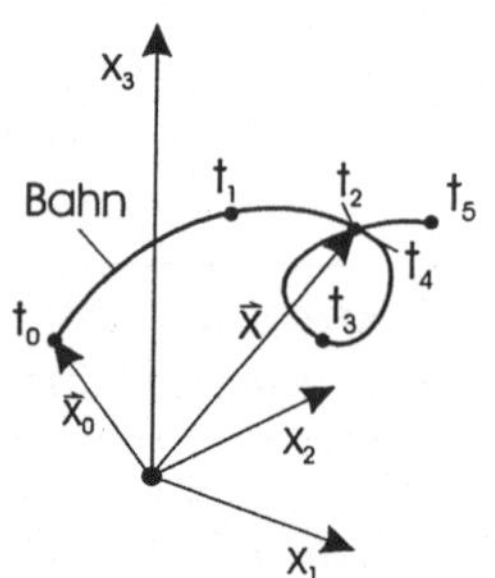

Bild 19 Bahn mit Doppelpunkt $\vec{x}$

Über die Bewegung des Körpers $\mathcal{K}$ lassen sich die **Geschwindigkeit** $\vec{v}$ und die
Beschleunigung $\vec{b}$ definieren. Die Geschwindigkeit des Fluidelementes $\vec{x}_0; t_0$ ist
der Quotient aus dem zurückgelegten Weg $(\vec{x}_n - \vec{x}_{n-1})$ und der dafür benötigten
Zeit $(t_n - t_{n-1})$, also:

$$\vec{v}(\vec{x}_0, t; t_0) = \lim_{t_{n-1} \to t_n} \frac{\vec{x}_n - \vec{x}_{n-1}}{t_n - t_{n-1}} = \left. \frac{d\vec{x}}{dt} \right|_{\vec{x}_0; t_0} = \frac{\partial}{\partial t} f(\vec{x}_0, t; t_0) . \qquad (3.4)$$

Analog ist die Beschleunigung des Fluidelementes

$$\vec{b}(\vec{x}_0, t; t_0) = \frac{\partial}{\partial t} \vec{v}(\vec{x}_0, t; t_0) = \frac{\partial^2}{\partial t^2} f(\vec{x}_0, t; t_0) \qquad (3.5)$$

die Änderung der Geschwindigkeit mit der Zeit. $\vec{v}$ und $\vec{b}$ sind kinematische
Eigenschaften der bewegten Masse.
Wir wenden uns nochmals der Gl.(3.2) zu. Eine Variation von t in Gl.(3.2)
bei festgehaltenem $\vec{x}_0; t_0$ (Namen) beschreibt die Bewegung des Fluidelementes.
Eine Variation des Ortes $\vec{x}$ in Gl.(3.3) bei festgehaltenem t und t_0 beschreibt
den Übergang zu einem anderen Fluidelement $\vec{x}_{0j}; t_0$.
Die Koordinaten $\vec{x}_0 = (x_{0i}) = (x_{01}, x_{02}, x_{03})^T$ nennt man **Lagrangesche** oder
materielle Koordinaten, die $\vec{x} = (x_i) = (x_1, x_2, x_3)^T$ sind hingegen die **Eulerschen** Koordinaten.
Φ sei eine Eigenschaft der Fluidelemente, z.B. der Druck p oder die Temperatur
T oder der Geschwindigkeitsvektor $\vec{v}$.
Man nennt $\Phi(\vec{x}_0, t; t_0)$ eine **Lagrangesche** oder materielle **Beschreibung** und
$\Phi(\vec{x}, t)$ eine Eulersche oder **Feldbeschreibung**.
Die materielle Beschreibung gibt die Eigenschaft Φ für das Fluidelement $\vec{x}_0; t_0$
zur Zeit t an.
Die Feldbeschreibung gibt die Eigenschaft Φ des Fluidelementes an, das sich am
Ort $\vec{x}$ zum Zeitpunkt t befindet. Die Eigenschaft Φ muß unabhängig von der

jeweiligen Beschreibung sein. Deshalb gilt

$$\Phi(\vec{x}_0, t; t_0) = \Phi(f^\star(\vec{x}, t; t_0), t; t_0) = \Phi(\vec{x}, t)\,.$$

Um die zeitliche Änderung der Eigenschaft Φ zu untersuchen, stellen wir Φ zunächst in Abhängigkeit der Lagrangeschen Koordinaten dar. Dann ist

$$\frac{\mathrm{d}\Phi}{\mathrm{d}t} = \frac{\partial}{\partial t}\Phi(\vec{x}_0, t; t_0)\,. \tag{3.6}$$

Ist $\Phi(\vec{x}, t)$ von den Eulerschen Koordinaten abhängig, dann müssen wir bei der Bildung des Differentials beachten, daß auch der Ort $\vec{x}$ des Fluidelementes von t abhängig ist. Denn $\frac{\partial}{\partial t}\Phi(\vec{x}, t)$ ist nur die lokale zeitliche Änderung am festen Ort $\vec{x}$ und nicht die materielle oder totale zeitliche Änderung der Eigenschaft Φ des Fluidelementes, die wir suchen. Das totale Differential einer Funktion mit mehreren Veränderlichen ist

$$\mathrm{d}\Phi(\vec{x}, t) = \frac{\partial\Phi}{\partial t}\mathrm{d}t + \mathrm{d}x_1\frac{\partial\Phi}{\partial x_1} + \mathrm{d}x_2\frac{\partial\Phi}{\partial x_2} + \mathrm{d}x_3\frac{\partial\Phi}{\partial x_3}\,. \tag{3.7}$$

Der erste Term auf der rechten Seite in Gl.(3.7) ist die lokale zeitliche Änderung von Φ am Ort $\vec{x}$. Die letzten drei Terme in Gl.(3.7) charakterisieren die Änderung von Φ infolge des Vorrückens des Fluidelementes um das Linienelement $\mathrm{d}\vec{x}$ vom Ort $\vec{x}$ zum Ort $\vec{x} + \mathrm{d}\vec{x}$ während der Zeit $t + \mathrm{d}t - t$. Sie beschreiben die konvektive Änderung von Φ. Die konvektive Änderung läßt sich durch das Skalarprodukt des gerichteten Linienelementes $\mathrm{d}\vec{x} = \vec{e}_i\,\mathrm{d}x_i$ mit dem Nabla-Operator $\nabla \equiv \vec{e}_i\frac{\partial}{\partial x_i}$ angewandt auf Φ darstellen. Der **Nabla-Operator** beschreibt die räumliche Änderung von Φ, nämlich

$$\nabla\Phi(\vec{x}, t) = \vec{e}_1\frac{\partial\Phi}{\partial x_1} + \vec{e}_2\frac{\partial\Phi}{\partial x_2} + \vec{e}_3\frac{\partial\Phi}{\partial x_3} = \vec{e}_i\frac{\partial\Phi}{\partial x_i} = \mathrm{grad}\Phi \tag{3.8}$$

in kartesischen Koordinaten. Wir erhalten also für das totale Differential

$$\mathrm{d}\Phi(\vec{x}, t) = \frac{\partial\Phi}{\partial t}\mathrm{d}t + \mathrm{d}\vec{x}\cdot\nabla\Phi = \frac{\partial\Phi}{\partial t}\mathrm{d}t + \mathrm{d}\vec{x}\cdot\mathrm{grad}\Phi \tag{3.9}$$

und für die gesuchte zeitliche Änderung der materiellen Eigenschaft Φ

$$\frac{\mathrm{d}}{\mathrm{d}t}\Phi(\vec{x}, t) = \frac{\partial\Phi}{\partial t} + \frac{\mathrm{d}\vec{x}}{\mathrm{d}t}\cdot\nabla\Phi = \frac{\partial\Phi}{\partial t} + \vec{v}\cdot\mathrm{grad}\Phi\,. \tag{3.10}$$

Ersetzen wir in Gl.(3.10) Φ durch den Geschwindigkeitsvektor $\vec{v}$, so ergibt sich die Beschleunigung in Eulerscher Darstellung zu

$$\vec{b} = \frac{\mathrm{d}}{\mathrm{d}t}\vec{v}(\vec{x}, t) = \frac{\partial\vec{v}}{\partial t} + \vec{v}\cdot\mathrm{grad}\vec{v}\,. \tag{3.11}$$

Nach Gl.(3.11) setzt sich die Beschleunigung des Fluidelementes am Ort $\vec{x}$ zum Zeitpunkt t additiv aus dem lokalen und dem konvektiven Anteil zusammen. Eine Strömung ist stationär, wenn der lokale Anteil $\partial\vec{v}/\partial t$ Null ist. Ob eine Strömung stationär oder instationär ist, kann man nur an Hand der Beschleunigung in Eulerscher Darstellung entscheiden. In einer stationären Strömung braucht der konvektive Anteil der Beschleunigung $\vec{v}\cdot\nabla\vec{v}$ nicht Null sein. Wir betrachten das folgende Beispiel.

Beispiel 5:
Die stationäre ebene Strömung durch einen konvergenten Kanal (Bild 20) besitzt die Geschwindigkeitsverteilung

$$\vec{v} = \vec{e}_1 v_0\left(1+\frac{x_1}{L}\right) \quad \text{bzw.} \quad v = v_0\left(1+\frac{x}{L}\right) \tag{3.12}$$

in der Eulerschen Darstellung.
Die Geschwindigkeit v ist unabhängig von y und damit über dem Strömungsquerschnitt konstant. Das ist nur zutreffend, solange sich der Kanal in x-Richtung schwach verjüngt. Am Eintritt in den Kanal beträgt $v(x=0)=v_0$, und am Austritt ist $v(x=L)=2v_0$. In unserem eindimensionalen Beispiel ist die Beschleunigung in Eulerschen Koordinaten

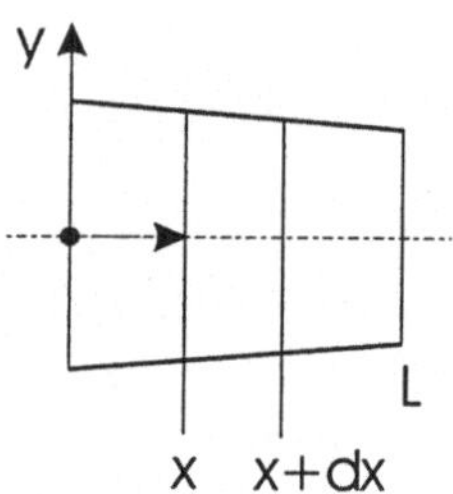

Bild 20 Konvergenter Kanal

$$b(x,t) = \frac{\mathrm{d}v(x)}{\mathrm{d}t} = \frac{\partial v}{\partial t} + v\frac{\partial v}{\partial x} = \frac{v_0^2}{L}\left(1+\frac{x}{L}\right).$$

Es handelt sich um eine stationäre Strömung, da das Geschwindigkeitsfeld (3.12) unabhängig von t ist. Die Fluidelemente am Ort x erfahren eine Beschleunigung, die die Fluidelemente befähigt, sich am Ort $x+\mathrm{d}x$ mit der Geschwindigkeit $v+\mathrm{d}v$ zu bewegen. Speziell ist $b(x=0)=v_0^2/L$ und $b(x=L)=2v_0^2/L$. Wir suchen in Abhängigkeit der Zeit t den Ort x, die Geschwindigkeit v und die Beschleunigung b eines Fluidteilchens, das sich zum Referenzzeitpunkt t_0 $(0\le t_0 < t)$ am Ort x_0 $(0\le x_0 < L)$ befindet.

Lösung: Das Fluidelement hat am Ort x zum Zeitpunkt t die Geschwindigkeit

$$v = \frac{\mathrm{d}x}{\mathrm{d}t} = v_0\left(1+\frac{x}{L}\right). \tag{3.13}$$

Gl.(3.13) ist eine Differentialgleichung für $x(t)$

$$\frac{\mathrm{d}\frac{x}{L}}{1+\frac{x}{L}} = \frac{v_0}{L}\mathrm{d}t.$$

Sie läßt sich mit Hilfe der Separation der Veränderlichen lösen. Ihr Integral ist

$$x(t) = L\,C\,e^{\frac{v_0}{L}t} - L\,.$$

(3.14)

Die Integrationskonstante C bestimmen wir so, daß sich zum Referenzzeitpunkt t_0 das Fluidelement in x_0 befindet. Danach ist

$$C = \left(1 + \frac{x_0}{L}\right)e^{-\frac{v_0}{L}t_0}\,,$$

und

$$x(x_0, t; t_0) = L\left(1 + \frac{x_0}{L}\right)e^{\frac{v_0}{L}(t-t_0)} - L$$

(3.15)

ist die Bahn des Fluidelementes $x_0; t_0$ zum Zeitpunkt t. Der Darstellung der Teilchenbahn (3.15) kann man nicht entnehmen, ob die Strömung stationär ist. Für die Geschwindigkeit und die Beschleunigung in Lagrangeschen Koordinaten ergibt sich:

$$v(x_0, t; t_0) = v_0\left(1 + \frac{x_0}{L}\right)e^{\frac{v_0}{L}(t-t_0)} \quad \text{und} \quad b = \frac{v_0^2}{L}\left(1 + \frac{x_0}{L}\right)e^{\frac{v_0}{L}(t-t_0)}\,. \quad \blacksquare$$

(3.16)

Die Beschreibung der Bewegung in Lagrangeschen Koordinaten $\vec{x}_0$ führt auf das Studium der Lebensgeschichte einzelner Fluidelemente. Diese Betrachtung wird in der Strömungsmechanik selten angewendet. Viel häufiger benutzt man die Beschreibung der Bewegungsvorgänge in Eulerschen Koordinaten. Bildlich gesprochen entspricht die Eulersche Darstellung der Situation eines Anglers, der den Angelhaken in eine Flußströmung ausgeworfen hat. Den Angler interessiert nur das Fluidelement, das gerade die ε-Umgebung (Gesichtsfeld des Anglers) seines Hakens (Aufpunkt P) passiert. In dieser ε-Umgebung bestimmt er durch Differenzmessung aus Ort und Zeit die Geschwindigkeit, die Beschleunigung und weitere Zustandsgrößen wie Druck und Temperatur. Verläßt das Fluidelement die ε-Umgebung von P, so werden die gleichen Beobachtungen an dem nun nachfolgenden Fluidelement durchgeführt, das in die ε-Umgebung eintritt. Der Beobachter, der sich der Eulerschen Beschreibung bedient, wird dieser bei der experimentellen Bestimmung der Zustandsgrößen der Fluidelemente in der ε-Umgebung seines gewählten Aufpunktes untreu. Hieraus folgern wir, daß die Lagrangesche Beschreibung kinematischer Vorgänge die physikalisch angepaßte Beschreibung ist.

3.2 Die Bahnlinie

Definition 3.5: *Die Bahnlinie (pathline) ist die Kurve (Strecke), die ein Fluidelement in der endlichen Zeitdauer Δt zurücklegt.*

Die Bahnlinie ist die Lebenslinie eines Fluidelementes, Bild 18. Ihre Differentialgleichung lautet in Lagrangeschen Koordinaten

$$\frac{\mathrm{d}\vec{x}}{\mathrm{d}t} = \vec{v}(\vec{x}_0, t; t_0) \quad \text{und in Eulerschen Koordinaten} \quad \frac{\mathrm{d}\vec{x}}{\mathrm{d}t} = \vec{v}(\vec{x}, t)\,. \qquad (3.17)$$

Ausgehend von $\vec{x} = (x_1, x_2, x_3)^T$ und $\vec{v}(\vec{x}, t) = (v_1, v_2, v_3)^T$ lauten die Komponenten in Eulerscher Darstellung

$$\frac{\mathrm{d}x_1}{\mathrm{d}t} = v_1(x_1, x_2, x_3, t), \quad \frac{\mathrm{d}x_2}{\mathrm{d}t} = v_2(x_1, x_2, x_3, t), \quad \frac{\mathrm{d}x_3}{\mathrm{d}t} = v_3(x_1, x_2, x_3, t)\,. \quad (3.18)$$

Den Dgln.(3.17) entnehmen wir, daß die Bahn des Fluidelementes überall tangential zum Geschwindigkeitsvektor des betreffenden Fluidelementes gerichtet
ist. Die Eulersche Darstellung (3.17) ist bei bekanntem Geschwindigkeitsfeld
häufig nicht einfach integrierbar, da der Ort $\vec{x}$ des Fluidelementes selbst von t
abhängig ist. Hingegen läßt sich die Lagrangesche Darstellung sofort integrieren

$$\vec{x} = \vec{x}_0 + \int_{\xi=t_0}^{t} \vec{v}(\vec{x}_0, \xi; t_0)\mathrm{d}\xi\,. \qquad (3.19)$$

In Gl.(3.19) ist t Kurvenparameter und $\vec{x}_0$ Scharparameter. Die Referenzzeit
t_0 ist ein für alle Bahnlinien fest gewählter Parameter. Bahnlinien lassen sich
praktisch durch die Langzeitfotografie von Schwebeteilchen im Fluid sichtbar
machen. Sie sind in Strömungen sehr verwickelte Kurven, die wenig anschaulich
sind.

3.3 Die Stromlinie

Definition 3.6: *Die Stromlinie (streamline) ist die Kurve, deren Tangenten
in beliebigen Punkten mit der Richtung der Geschwindigkeitsvektoren der in
diesen Punkten befindlichen Fluidelementen übereinstimmen.*

Die Stromlinie ist demnach die Integralkurve eines Richtungsfeldes durch einen
vorgegebenen Punkt $\vec{x}_0$ zu einem festen Zeit-
punkt t_0'. In einer instationären Strömung deformiert sich die Stromlinie nicht nur in Abhängigkeit von der Zeit, sie wird zu verschiedenen Zeiten auch durch unterschiedliche Fluidelemente
gebildet. Davon ausgenommen ist lediglich die
instationäre eindimensionale Strömung. Stromlinien kann man durch Kurzzeitfotografie von
Schwebeteilchen sichtbar machen.

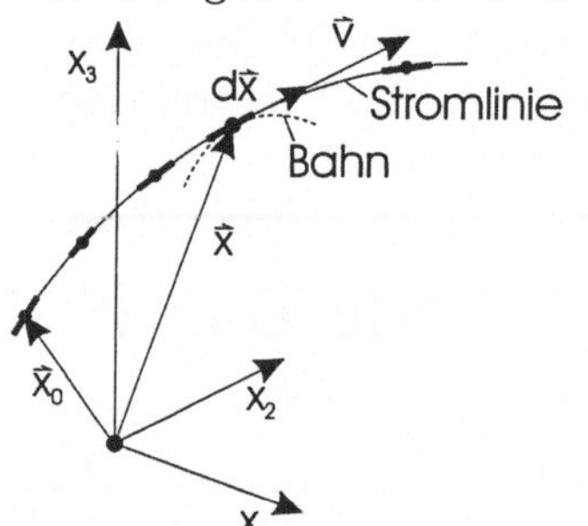

Bild 21 Stromlinie

Die Schwebeteilchen beschreiben ein kurzes Bahnstück, das die Richtung der Tangente anzeigt, Bild 21. Die Integralkurve durch dieses Richtungs- oder Isoklinenfeld zum Zeitpunkt t ergibt die Stromlinie. Da das Linienelement $\mathrm{d}\vec{x}$ an die Stromlinie und der Geschwindigkeitsvektor $\vec{v}$ des Fluidelementes im gleichen Punkt den gleichen Richtungssinn haben, folgt für die Dgl. der Stromlinie

$$
\mathrm{d}\vec{x} \times \vec{v} = \begin{vmatrix} \vec{e}_1 & \vec{e}_2 & \vec{e}_3 \\ \mathrm{d}x_1 & \mathrm{d}x_2 & \mathrm{d}x_3 \\ v_1 & v_2 & v_3 \end{vmatrix} = 0 \,. \tag{3.20}
$$

Im kartesischen Koordinatensystem läßt sich das Vektorprodukt durch eine Determinante darstellen. Aus Gl.(3.20) ergeben sich die drei unabhängigen Gleichungen

$$
v_3 \, \mathrm{d}x_2 - v_2 \, \mathrm{d}x_3 = 0, \quad v_1 \, \mathrm{d}x_3 - v_3 \, \mathrm{d}x_1 = 0, \quad v_2 \, \mathrm{d}x_1 - v_1 \, \mathrm{d}x_2 = 0 \,. \tag{3.21}
$$

Während die Bahnlinie eines Fluidelementes erst über einen längeren Zeitraum entsteht, charakterisiert das Stromlinienbild den Ist-Zustand der Strömung zum augenblicklichen Zeitpunkt. Es sagt aber nichts über die Zeitabhängigkeit der Strömung aus. Hieraus ergeben sich grundlegende Unterschiede zwischen Bahnlinie und Stromlinie. In einer nicht eindimensionalen instationären Strömung unterscheiden sich Stromlinie und Bahnlinie. Sie sind nur in stationärer Strömung identisch. Um zeitabhängige Strömungen zu veranschaulichen, bedarf es einer zeitlichen Folge von Stromlinienbildern (Kinofilm).

Beispiel 6:

Gegeben ist das Geschwindigkeitsfeld einer ebenen Strömung in kartesischen Koordinaten

$$
\vec{v} = \vec{e}_1 v_1 + \vec{e}_2 v_2 = \vec{e}_1 x_1 - \vec{e}_2 x_2 \,. \tag{3.22}
$$

Bestimmen Sie die Gleichung $x_2 = f(x_1)$ der Stromlinie durch den Punkt x_{01}, x_{02} und die Gleichung der Bahnlinie eines Fluidelementes mit dem Namen $x_{01}, x_{02}; t_0$! Skizzieren Sie den Verlauf der Stromlinien im ersten Quadranten der x_1, x_2-Ebene!

Lösung: Die Stromlinien dieser ebenen Strömung genügen den Dgln.(3.21), die sich auf die Gleichung

$$
v_2 \, \mathrm{d}x_1 - v_1 \, \mathrm{d}x_2 = 0, \quad \text{bzw.} \quad -x_2 \, \mathrm{d}x_1 - x_1 \, \mathrm{d}x_2 = 0 \tag{3.23}
$$

reduzieren. Diese Gleichung läßt sich durch Trennung der Veränderlichen,

$\mathrm{d}x_2/x_2 = -\mathrm{d}x_1/x_1$, lösen. Wir erhalten $x_2 =$
C_1/x_1 . Die Konstante C_1 bestimmen wir so,
daß die Stromlinie den Punkt x_{01}, x_{02} enthält.
Mit $C_1 = x_{01}x_{02}$ folgt das Resultat

$$x_2 = \frac{x_{01}x_{02}}{x_1} . \qquad (3.24)$$

Die Stromlinien sind Hyperbeln, Bild 22.

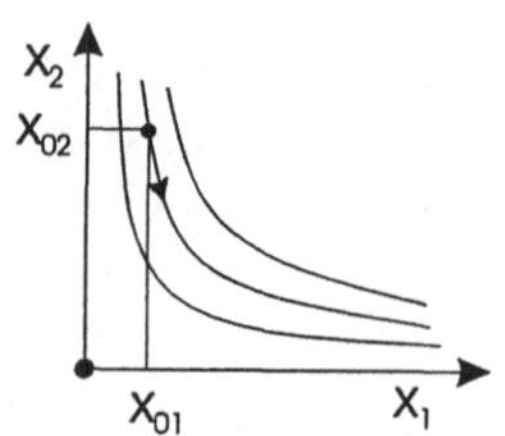

Bild 22 Stromlinienbild

Wir bestimmen jetzt die Bahnkurven des Fluidelementes $x_{01}, x_{02}; t_0$. Die zu lösenden
Dgln. der Bahnkurve sind nach Gl.(3.18)

$$\frac{\mathrm{d}x_1}{\mathrm{d}t} = v_1 = x_1 \quad \text{und} \quad \frac{\mathrm{d}x_2}{\mathrm{d}t} = v_2 = -x_2 .$$

Nach Trennung der Veränderlichen erhalten wir

$$x_1 = C_1 e^t \quad \text{und} \quad x_2 = C_2 e^{-t} . \qquad (3.25)$$

Das Fluidelement, dessen Bahn wir suchen, befindet sich zum Zeitpunkt t_0 in x_{01}, x_{02}.
Für die Konstanten erhalten wir dann

$$C_1 = x_{01} e^{-t_0} \quad \text{und} \quad C_2 = x_{02} e^{t_0} .$$

Die Bahn des Fluidelementes lautet in Parameterdarstellung

$$x_1 = x_{01} e^{(t-t_0)} \quad \text{und} \quad x_2 = x_{02} e^{-(t-t_0)} . \qquad (3.26)$$

Eliminiert man den Parameter t, so folgt die Gl.(3.24) $x_2 = x_{01}x_{02}/x_1$. In einer
stationären Strömung, wie der vorliegenden, sind Bahnlinie und Stromlinie identisch.
Weitere Beispiele kann man [Ib97] entnehmen. ■

3.4   Die Streichlinie

Definition 3.7: *Die Streichlinie (streakline) ist der geometrische Ort aller
derjenigen Fluidelemente, die irgendwann ein und denselben Punkt $\vec{x}_0$ im Raum
passiert haben.*

Die Luft, die über eine Schornsteinöffnung strömt und dabei mit Ruß angefärbt
wird, bildet eine Streichlinie. Näherungsweise trifft das für die Rauchfahne eines
Schornsteins zu.

Bei der Herleitung der Streichlinie müssen wir von den Bahnlinien jener Fluidelemente ausgehen, die zu verschiedenen Zeiten den Aufpunkt $\vec{x}_0$ im Raum
passiert haben. Wir betrachten das Fluidelement, das sich zum Zeitpunkt t_{01}

im Aufpunkt $\vec{x}_0$ befindet. Zu einem wesentlich späteren Zeitpunkt $t \gg t_{01}$ befindet es sich am Ort $\vec{x}_1$, Bild 23. Für seine Bahnlinie gilt

$$\vec{x}_1 = \vec{x}_0 + \int_{\xi=t_{01}}^{t} \vec{v}(\vec{x}_0,\xi;t_{01})\mathrm{d}\xi\,.$$

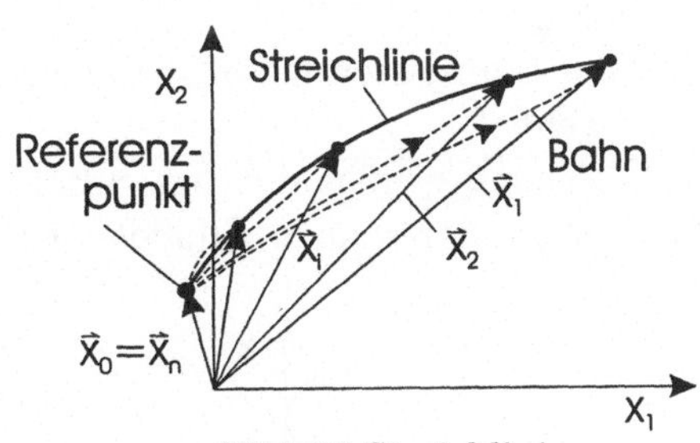

Bild 23 Streichlinie

Wir wählen nun eine Folge von Referenzzeiten $t_{01} < t_{02} < \cdots t_{0i} < \cdots t_{0n-1} < t_{0n} = t$ und damit die Teilchenfolge, die den Bahngleichungen

$$\vec{x}_1 = \vec{x}_0 + \int_{\xi=t_{01}}^{t} \vec{v}(\vec{x}_0,\xi;t_{01})\mathrm{d}\xi\,,$$

$$\vec{x}_2 = \vec{x}_0 + \int_{\xi=t_{02}}^{t} \vec{v}(\vec{x}_0,\xi;t_{02})\mathrm{d}\xi\,,$$

$$\cdot$$

$$\vec{x}_i = \vec{x}_0 + \int_{\xi=t_{0i}}^{t} \vec{v}(\vec{x}_0,\xi;t_{0i})\mathrm{d}\xi\,, \tag{3.27}$$

$$\cdot$$

$$\vec{x}_{n-1} = \vec{x}_0 + \int_{\xi=t_{0n-1}}^{t} \vec{v}(\vec{x}_0,\xi;t_{0n-1})\mathrm{d}\xi\,,$$

$$\vec{x}_n = \vec{x}_0$$

genügen. Halten wir in den obigen Gleichungen $\vec{x}_0$ und t fest und variieren die Referenzzeit t_{0i}, so ergibt sich die Gleichung der Streichlinie zu

$$\vec{x}(t_0) = \vec{x}_0 - \int_{\xi=t}^{t_0} \vec{v}(\vec{x}_0,\xi;t_0)\mathrm{d}\xi \quad \text{mit} \quad t_{01} \leq t_0 \leq t\,. \tag{3.28}$$

Ihre Differentialgleichung ist

$$\frac{\mathrm{d}\vec{x}}{\mathrm{d}t_0} = -\vec{v}(\vec{x}_0,t_0;t_0)\,. \tag{3.29}$$

Beispiel 7:
Wasser tritt aus einem gegenüber dem raumfesten kartesischen Koordinatensystem oszillierenden Sprinklerkopf aus, Bild 24. Bei Vernachlässigung der Schwerkraft entsteht das Geschwindigkeitsfeld

$$\vec{v} = u_0 \sin\left[\omega\left(t - \frac{y}{v_0}\right)\right]\vec{e}_x + v_0\vec{e}_y = u\vec{e}_x + v\vec{e}_y \tag{3.30}$$

mit $u_0, v_0 \neq 0$.

Bestimmen Sie die Stromlinien und die Bahnlinien, die durch den Ursprung $x = y = 0$ des raumfesten Koordinatensystems zu den Zeiten $t = 0$ und $t = \pi/(2\omega)$ gehen!

Welcher Gleichung genügt die Streichlinie aller durch den Ursprung des Koordinatensystems austretenden Fluidelemente?

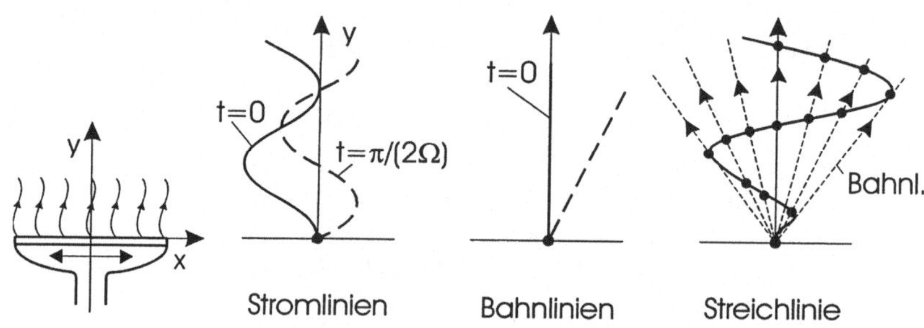

Bild 24 Oszillierender Sprinklerkopf

Lösung: Das Strömungsfeld ist instationär. Die Dgl. der Stromlinie ist

$$\frac{\mathrm{d}y}{\mathrm{d}x} = \frac{v}{u} = \frac{v_0}{u_0 \sin\left[\omega\left(t - \frac{y}{v_0}\right)\right]}. \tag{3.31}$$

Ihr Integral ist

$$\frac{u_0 v_0}{\omega} \cos\left[\omega\left(t - \frac{y}{v_0}\right)\right] = v_0 x + C.$$

Die Konstante C bestimmen wir so, daß wir die zum Zeitpunkt $t = 0$ durch den Koordinatenursprung $x = y = 0$ führende Stromlinie erhalten. Es ergibt sich $C = u_0 v_0/\omega$. Die Gleichung der gesuchten Stromlinie ist damit

$$x = \frac{u_0}{\omega}\left[\cos\left(\frac{y\omega}{v_0}\right) - 1\right]. \tag{3.32}$$

Für diejenige Stromlinie, die zum Zeitpunkt $t = \pi/(2\omega)$ durch den Ursprung geht, ist $C = 0$. Sie genügt der Gleichung

$$x = \frac{u_0}{\omega}\cos\left(\frac{\pi}{2} - \frac{\omega y}{v_0}\right) = \frac{u_0}{\omega}\sin\left(\frac{\omega y}{v_0}\right). \tag{3.33}$$

Die Stromlinie durch den Ursprung des Koordinatensystems ändert also mit der Zeit ihre Gestalt.

Die Gleichung der Bahnlinie eines Fluidelementes folgt aus dem Geschwindigkeitsfeld

$$\frac{\mathrm{d}x}{\mathrm{d}t} = u = u_0 \sin\left[\omega\left(t - \frac{y}{v_0}\right)\right] \quad \text{und} \quad \frac{\mathrm{d}y}{\mathrm{d}t} = v_0. \tag{3.34}$$

Die y-Komponente der Bahn ist $y = v_0 t + C_1$ mit der Konstanten C_1. Damit läßt sich die x-Komponente

$$\frac{\mathrm{d}x}{\mathrm{d}t} = u_0 \sin\left[\omega\left(t - t - \frac{C_1}{v_0}\right)\right] = -u_0 \sin\left(\frac{C_1\omega}{v_0}\right)$$

integrieren. Das Integral

$$x = -u_0\, t\, \sin\left(\frac{C_1\omega}{v_0}\right) + C_2 \tag{3.35}$$

hängt von den Integrationskonstanten C_1, C_2 ab. Für das Fluidelement, das sich zum Zeitpunkt $t = 0$ im Koordinatenursprung $x = 0$ und $y = 0$ befindet, sind $C_1 = C_2 = 0$. Die Bahn des Teilchens beschreiben demnach die Gleichungen

$$x = 0 \quad \text{und} \quad y = v_0\, t\,. \tag{3.36}$$

Für das Fluidelement, das sich zum Zeitpunkt $t = \pi/(2\omega)$ im Koordinatenursprung befindet, sind $C_1 = -v_0\pi/(2\omega)$ und $C_2 = -u_0\pi/(2\omega)$ und

$$x = u_0\left(t - \frac{\pi}{2\omega}\right) \quad \text{und} \quad y = v_0\left(t - \frac{\pi}{2\omega}\right)\,. \tag{3.37}$$

Die Gleichung der durch den Koordinatenursprung $x_0 = y_0 = 0$ des Koordinatensystems führenden Streichlinie lautet in der Komponentendarstellung

$$y(t_0) = -\int_t^{t_0} v_0\, \mathrm{d}\xi = v_0(t - t_0) \quad \text{mit} \quad 0 \le t_0 \le t\,,$$

$$x(t_0) = -u_0 \int_t^{t_0} \sin(\omega t_0)\, \mathrm{d}\xi = u_0(t - t_0)\sin(\omega t_0)\,. \tag{3.38}$$

Die Auswertung dieser Gleichungen ergibt die im Bild 24 skizzierte Darstellung der Streichlinie.
In der instationären Strömung unterscheiden sich Stromlinie, Bahnlinie und Streichlinie. Nur in einer stationären Strömung fallen die drei Linien zusammen. ∎

3.5 Lineare Deformation eines Fluidelementes

Ein Fluidelement in Gestalt eines Quaders mit den Kantenlängen $\Delta x, \Delta y, \Delta z$ und dem Volumen ΔV befinde sich in einem örtlich veränderlichen Strömungsfeld.

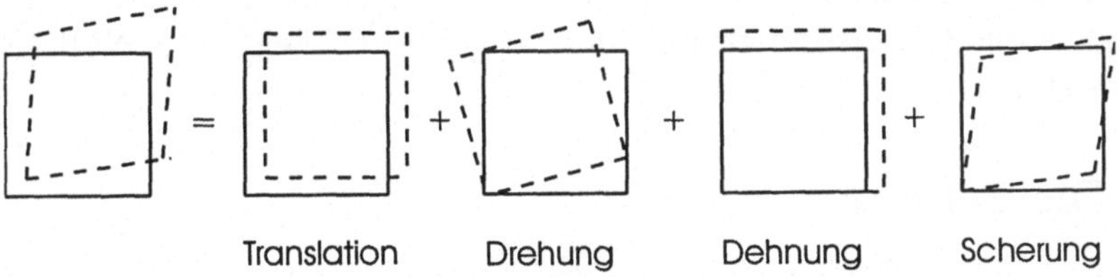

Bild 25 Positions- und Gestaltänderung des Volumens ΔV

Der Geschwindigkeitsvektor dieses Strömungsfeldes habe die Komponenten $\vec{v} = (v_1, v_2, v_3)^T \equiv (u, v, w)^T$. Während des Zeitintervalls Δt erfährt das Fluidelement nicht nur eine **Translation** und eine **Drehung** (Positionsänderung), es wird dabei auch gedehnt (Volumenänderung) und geschert (Winkeldeformation), Bild 25. Die Überlagerung von **Dehnung** und **Scherung** bezeichnet man als **Gestaltänderung**. Die reine Translation und Drehung leisten keinen Beitrag zur Gestaltänderung des Fluidelementes.

3.5.1 Die Dehnung

Angenommen, das Strömungsfeld besitzt den Gradienten $\partial u/\partial x$, dann erfährt das Fluidelement in x-Richtung die Dehnung $\delta \Delta x = \left(\frac{\partial u}{\partial x} \Delta x \delta t \right)$.

Dabei ändert sich das Volumen ΔV um

$$\delta \Delta V = \left(\frac{\partial u}{\partial x} \Delta x\, \delta t \right) \Delta y \Delta z , \qquad (3.39)$$

Bild 26. Die relative Volumenänderung pro Zeit beträgt

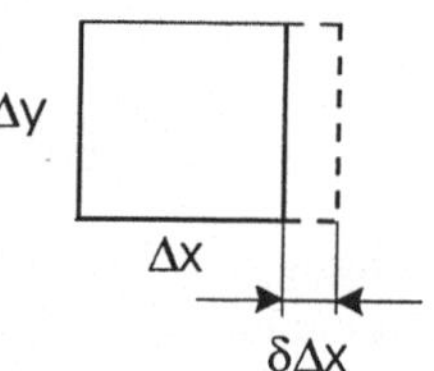

Bild 26 Dehnung

$$\frac{1}{\Delta V} \frac{\mathrm{d}\Delta V}{\mathrm{d}t} = \lim_{\delta t \to 0} \frac{1}{\Delta V} \frac{\delta \Delta V}{\delta t} = \frac{1}{\Delta V} \frac{\partial u}{\partial x} \Delta x \Delta y \Delta z = \frac{\partial u}{\partial x} . \qquad (3.40)$$

Sind die Geschwindigkeitsgradienten in y- und x-Richtung ebenfalls von Null verschieden, dann folgt aus einer analogen Betrachtung für diesen allgemeinen Fall

$$\frac{1}{\Delta V} \frac{\mathrm{d}\Delta V}{\mathrm{d}t} = \frac{\partial u}{\partial x} + \frac{\partial v}{\partial y} + \frac{\partial w}{\partial z} = \nabla \cdot \vec{v} = \operatorname{div} \vec{v} . \qquad (3.41)$$

Die zeitliche Änderung des Volumens eines Fluidelementes bezogen auf das Ausgangsvolumen ist gleich der **Divergenz** des Geschwindigkeitsfeldes. Für inkompressible Fluide (Flüssigkeiten), die im wesentlichen volumenbeständig sind, ist die Divergenz des Geschwindigkeitsfeldes im gesamten Feld stets Null (Kontinuitätsaussage).

3.5.2 Die Scherung

Wir untersuchen den Einfluß der partiellen Ableitungen $\partial v/\partial x$ und $\partial u/\partial y$ des Geschwindigkeitsfeldes auf einen ebenen zunächst nicht deformierten fluiden

Bereich O, A, B, C in der x, y-Ebene, Bild 27. Vereinfachend nehmen wir an, daß die partiellen Ableitungen $\partial u/\partial x$ und $\partial v/\partial y$ Null sind. Innerhalb des infinitesimalen Zeitintervalls δt rotieren die Linienelemente (Kanten) OA und OC um O gegeneinander, wobei die Winkel $\delta\alpha$ und $\delta\beta$ überstrichen werden. Die Kanten OA und OC nehmen die Positionen OA' und OC' ein. Die Winkelgeschwindigkeiten der Kanten betragen:

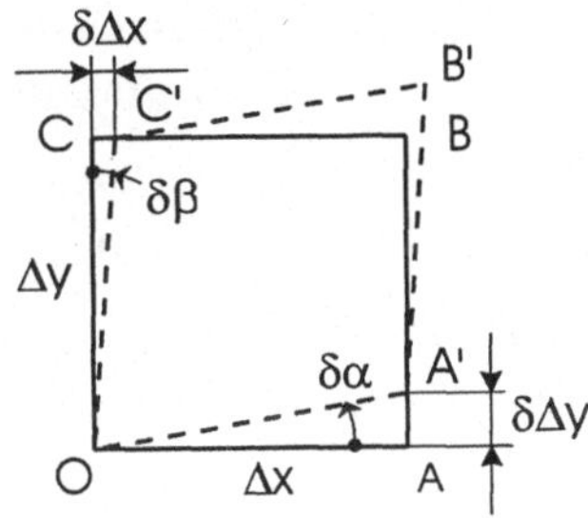

Bild 27 Scherverformung

$$\omega_{OA} = \lim_{\delta t \to 0} \frac{\delta\alpha}{\delta t} \quad \text{und} \quad \omega_{OC} = \lim_{\delta t \to 0} \frac{\delta\beta}{\delta t}\,.$$

Bei hinreichend kleinen Winkeln lassen sich aus den Verschiebungen der Punkte A und C in y- bzw. x-Richtung

$$\delta\Delta y = \frac{\partial v}{\partial x}\Delta x\,\delta t \quad \to \quad \delta\alpha = \frac{\delta\Delta y}{\Delta x} = \frac{\partial v}{\partial x}\delta t \quad \to \quad \omega_{OA} = \frac{\partial v}{\partial x}$$

und

$$\delta\Delta x = \frac{\partial u}{\partial y}\Delta y\,\delta t \quad \to \quad \delta\beta = \frac{\delta\Delta x}{\Delta y} = \frac{\partial u}{\partial y}\delta t \quad \to \quad \omega_{OC} = \frac{\partial u}{\partial y} \tag{3.42}$$

die Winkel $\delta\alpha$, $\delta\beta$ und die momentanen Winkelgeschwindigkeiten ω_{OA}, ω_{OC} angeben. Die Winkelgeschwindigkeit (Rotation des Fluidelementes um die z-Achse) der beiden rechtwinklig aufeinander stehenden Kanten OA und OC ist gleich dem Mittelwert der Winkelgeschwindigkeiten ω_{OA} und ω_{OC}. Legen wir die Drehung positiv entgegen dem Uhrzeigersinn fest, so folgt für

$$\omega_z = \frac{1}{2}\left(\frac{\partial v}{\partial x} - \frac{\partial u}{\partial y}\right).$$

Rotiert das Fluidelement um die x- und y-Achse, so erhalten wir auf ähnliche Weise für die Winkelgeschwindigkeitskomponenten

$$\omega_x = \frac{1}{2}\left(\frac{\partial w}{\partial y} - \frac{\partial v}{\partial z}\right) \quad \text{und} \quad \omega_y = \frac{1}{2}\left(\frac{\partial u}{\partial z} - \frac{\partial w}{\partial x}\right).$$

Der Vektor der Winkelgeschwindigkeit des Fluidelementes ist dann in kartesischen Koordinaten $\vec{\omega} = \vec{e}_x\omega_x + \vec{e}_y\omega_y + \vec{e}_z\omega_z$ bzw.

$$\vec{\omega} = \frac{1}{2}\left[\vec{e}_x\left(\frac{\partial w}{\partial y} - \frac{\partial v}{\partial z}\right) + \vec{e}_y\left(\frac{\partial u}{\partial z} - \frac{\partial w}{\partial x}\right) + \vec{e}_z\left(\frac{\partial v}{\partial x} - \frac{\partial u}{\partial y}\right)\right] = \frac{1}{2}\text{rot}\,\vec{v} \tag{3.43}$$

gleich der halben **Rotation** des Geschwindigkeitsfeldes. Unser ebenes Fluidelement rotiert wie ein Festkörper, wenn $\partial u/\partial y = -\partial v/\partial x$ ist. In diesem Fall wird das Fluidelement nicht deformiert und der Scherwinkel $\delta\gamma = \delta\alpha + \delta\beta = \left(\frac{\partial v}{\partial x} + \frac{\partial u}{\partial y}\right)\delta t$ zwischen den Kanten OA und OC ist Null. Im Falle $\partial u/\partial y = \partial v/\partial x$ ist $\omega_z = 0$ und $\delta\gamma$ maximal. Die Schergeschwindigkeiten

$$\dot{\gamma}_{xy}= \left(\frac{\partial v}{\partial x} + \frac{\partial u}{\partial y}\right), \quad \dot{\gamma}_{yz}= \left(\frac{\partial w}{\partial y} + \frac{\partial v}{\partial z}\right), \quad \dot{\gamma}_{zx}= \left(\frac{\partial u}{\partial z} + \frac{\partial w}{\partial x}\right) \qquad (3.44)$$

in den einzelnen Ebenen sind bei einem Newtonschen Fluid über die dynamische Zähigkeit η mit den wirkenden Schubspannungen

$$\tau_{xy} = \eta\left(\frac{\partial v}{\partial x} + \frac{\partial u}{\partial y}\right), \quad \tau_{yz} = \eta\left(\frac{\partial w}{\partial y} + \frac{\partial v}{\partial z}\right), \quad \tau_{zx} = \eta\left(\frac{\partial u}{\partial z} + \frac{\partial w}{\partial x}\right) \qquad (3.45)$$

verknüpft.

Ein Strömungsfeld, in dem mit Ausnahme einzelner singulärer Punkte rot $\vec{v} = 0$ gilt, nennt man drehungsfrei. Drehungsfreie Strömungsfelder existieren weitestgehend nur in der Modellvorstellung. In den Strömungen realer Fluide treten infolge der molekularen Reibung stets Schubspannungen auf, die örtliche Geschwindigkeitsgradienten und damit häufig **Drehung** verursachen.

> **Satz 3.1:** *In einem reibungsfreien Newtonschen Fluid (ideales Fluid), in dem nur Normalspannungen wirken, kann in einer Unterschallströmung kein Fluidelement in Drehung versetzt werden. Ist das Strömungsfeld drehungsfrei mit Ausnahme einzelner singulärer Punkte, so bleibt es auch künftig drehungsfrei, und es gilt rot$\vec{v}$ = 0 außerhalb der Singularitäten.*

> **Satz 3.2:** *Gilt in einem Strömungsfeld mit Ausnahme singulärer Punkte rot$\vec{v}$ = 0, dann existiert ein Geschwindigkeitspotential Φ mit $\vec{v}$ = gradΦ.*

Diese Aussage folgt unmittelbar aus der Identität rot grad () $\equiv 0$.

4 Dynamik der Fluide

Die Dynamik der Fluide ist die Lehre von der Bewegung der Flüssigkeiten und Gase bei Um- und Durchströmvorgängen unter dem Einfluß der Oberflächen-, Feld- und Trägheitskräfte.

Die Oberflächenkräfte sind die Druck- und Schubspannungskräfte, die an der Oberfläche der betrachteten Fluidmasse m angreifen.

Die Fluidmasse befindet sich auf der Erde stets im Schwerefeld der Erdanziehung mit der Erdbeschleunigung $\vec{g}$. Die auf sie wirkende Feldkraft ist die Schwerkraft. Befindet sich m zusätzlich in einem elektrischen oder magnetischen Feld, so treten weitere Feldkräfte hinzu.

Außer der Schwere besitzt die Masse noch die Eigenschaft der Trägheit. Auf eine beschleunigt bewegte Masse wirkt die d'Alembertsche Trägheitskraft. Die Fluidmasse ist weiteren Einflüssen aus ihrer Umgebung ausgesetzt. Von Bedeutung sind der Wärmeübergang durch Leitung, Strahlung, Konvektion und chemische Reaktionen.

Die hier nur andeutungsweise genannten Kräfte und Energien ändern den Impuls und die Energie der Fluidmasse. Sie müssen genau bilanziert werden.

Die Grundlage der Dynamik bilden daher die Erhaltungssätze für Kontinuität, Impuls und Energie.

Wir beschränken uns in der Starthilfe auf die Fadenströmung und leiten die Erhaltungssätze für die Stromröhre mit schwach orts- und zeitveränderlichem Querschnitt $A(s,t)$ unter folgenden Voraussetzungen her:

1. Die Stromröhre sei vollständig mit dem Fluid gefüllt.
2. Die Stromröhre sei schwach gekrümmt und habe eine geringe stetige Querschnittsänderung in s-Richtung, d.h., die Geschwindigkeit $\vec{v}$ ist parallel zum vektoriellen Flächenelement $d\vec{A}$ des Stromröhrenquerschnittes.
3. Das Material des Mantels der Stromröhre (z.B. Stahl) sei schwach elastisch.
4. Die Komponenten des Geschwindigkeitsvektors[1], die Dichte ρ, der Druck p, die Temperatur T und der Querschnitt A seien stetig differenzierbare Funktionen ihrer unabhängigen Variablen im Definitionsbereich

$$\mathcal{D} = \{r, s, t \mid 0 \leq r \leq R, \quad 0 \leq s \leq L, \quad 0 \leq t < \infty\},$$

d.h., $v(r, \cdot) = v(r, s, t)$, $\quad \rho = \rho(s,t)$, $p = p(s,t)$, $T = T(s,t)$, $\quad A = A(s,t)$.

Anmerkung: Die hier herzuleitenden Gleichungen für die Stromröhre mit schwach veränderlichem Querschnitt ergeben sich nicht als Vereinfachung der entsprechenden dreidimensionalen Erhaltungsgleichungen auf die eindimensionale Strömung.

4.1 Die Kontinuitätsgleichung

Eine kinematisch allgemeine Beziehung folgt aus der Erhaltung der Masse. Die Kontinuitätsgleichung ist unabhängig davon, ob die Strömung reibungsfrei oder reibungsbehaftet ist. Das mit der Radiuskoordinate r veränderliche Geschwindigkeitsprofil $v(r, \cdot)$ bildet sich in jedem viskosen (realen) Fluid aus.

---

[1]Den Betrag des Geschwindigkeitsvektors bezeichnen wir mit $|\vec{v}| = v$.

Am Stromröhrenmantel (z.B. elastischer Stahlmantel) haftet das Fluid. Mit der Kontinuitätsgleichung treffen wir eine Aussage über die Erhaltung der am Strömungsvorgang beteiligten Fluidmasse m. Die während der Zeitdauer Δt in den atmenden Stromröhrenabschnitt, Bild 28, eintretende Fluidmasse ist

$$\int\limits_{\xi=t}^{t+\Delta t} \rho \int\limits_A v(r,s,\xi)\big|_s \mathrm{d}A\,\mathrm{d}\xi = \rho\,v_m\,A\big|_{s,t+\varepsilon\Delta t}\,\Delta t = \overset{\bullet}{m}\big|_{s,t+\varepsilon\Delta t}\,\Delta t \qquad (4.1)$$

mit $0 < \varepsilon < 1$. Die rechte Seite der Gl.(4.1) ergibt sich nach dem Mittelwertsatz der Integralrechnung.
Dabei ist

$$v_m = \frac{1}{A}\int_A v(r,s,t)\,\mathrm{d}A \qquad (4.2)$$

die über dem Querschnitt gemittelte Geschwindigkeit im Unterschied zur örtlichen Geschwindigkeit $v(r,\cdot) = v(r,s,t)$. Weiterhin ist $\overset{\bullet}{m}\big|_{s,t+\varepsilon\Delta t} = \rho\,v_m\,A\big|_{s,t+\varepsilon\Delta t}$ der Massenstrom im Querschnitt s

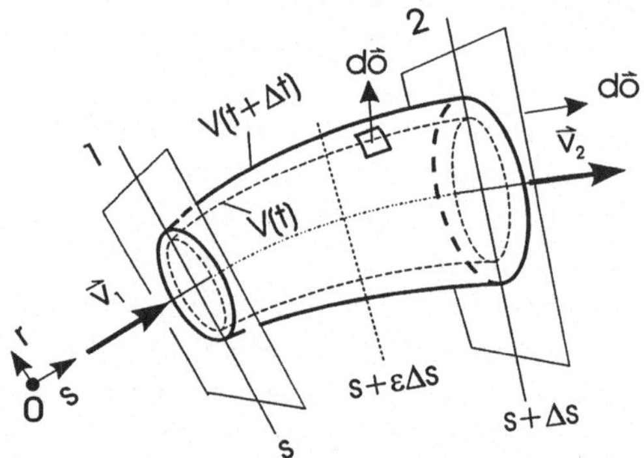

Bild 28 Stromröhrenabschnitt

der Stromröhre zum Zeitpunkt $t+\varepsilon\Delta t$. Die während der Zeitdauer Δt im Querschnitt $s + \Delta s$ ausströmende Masse ist

$$\int\limits_{\xi=t}^{t+\Delta t} \rho \int\limits_A v(r,s,\xi)\big|_{s+\Delta s}\mathrm{d}A\,\mathrm{d}\xi = \rho\,v_m\,A\big|_{s+\Delta s,t+\varepsilon\Delta t}\,\Delta t = \overset{\bullet}{m}\big|_{s+\Delta s,t+\varepsilon\Delta t}\,\Delta t. \qquad (4.3)$$

Innerhalb des Stromröhrenabschnittes befinden sich zu den Zeitpunkten t und $t + \Delta t$ die Fluidmassen:

$$\int\limits_{\xi=s}^{s+\Delta s} \rho A\big|_{\xi,t}\,\mathrm{d}\xi \quad \text{und} \quad \int\limits_{\xi=s}^{s+\Delta s} \rho A\big|_{\xi,t+\Delta t}\,\mathrm{d}\xi. \qquad (4.4)$$

Die Massenbilanz am Stromröhrenabschnitt verlangt nun

$$\overset{\bullet}{m}\big|_{s+\Delta s,t+\varepsilon\Delta t}\Delta t - \overset{\bullet}{m}\big|_{s,t+\varepsilon\Delta t}\Delta t = -\int\limits_{\xi=s}^{s+\Delta s}\left(\rho A\big|_{\xi,t+\Delta t} - \rho A\big|_{\xi,t}\right)\mathrm{d}\xi. \qquad (4.5)$$

Gl.(4.5) dividieren wir durch Δt. Der Grenzübergang $\Delta t \to 0$ ergibt

$$\dot{m}\,|_{s+\Delta s,t} - \dot{m}\,|_{s,t} = -\lim_{\Delta t \to 0}\frac{1}{\Delta t}\int\limits_{\xi=s}^{s+\Delta s}\left(\rho A|_{\xi,t+\Delta t} - \rho A|_{\xi,t}\right)\mathrm{d}\xi . \tag{4.6}$$

Da die Integrationsgrenzen des Integrals unabhängig von t sind, darf das Integral mit dem Grenzübergang vertauscht werden. Mit $\dot{m}\,|_{s+\Delta s,t} = \dot{m}_2$ und $\dot{m}\,|_{s,t} = \dot{m}_1$ erhalten wir den **Kontinuitätssatz** der Stromröhre[2] in integraler Form

$$\dot{m}_2 - \dot{m}_1 = -\int\limits_{\xi=s}^{s+\Delta s}\frac{\partial(\rho A)}{\partial t}\mathrm{d}\xi = -\frac{\partial m}{\partial t} . \tag{4.7}$$

Gl.(4.7) sagt aus: *Wenn zum Zeitpunkt t im Querschnitt 2 der austretende Massenstrom $\dot{m}_2$ größer ist, als der im Querschnitt 1 eintretende Massenstrom $\dot{m}_1$, dann muß sich im Inneren des Stromröhrenabschnittes die Masse m zeitabhängig verringern, d.h., es muß $\partial m/\partial t < 0$ sein.*
So erklärt sich auch das Vorzeichen in Gl.(4.7) auf der rechten Gleichungsseite. Die zeitliche Änderung der Masse im Bilanzgebiet ist möglich, da Gase kompressibel sind. Für stationäre Fließprozesse lautet die Kontinuitätsgleichung

$$v_1\,\rho_1\,A_1 = v_2\,\rho_2\,A_2 = v\,\rho\,A = \dot{m} = \rho\,\dot{V} = \text{const}. \tag{4.8}$$

Da wir künftig nur mit der über dem Querschnitt gemittelten Geschwindigkeit arbeiten, haben wir bereits in Gl.(4.8) $v_m = v$ gesetzt. Die Kontinuitätsgleichung in differentieller Form leiten wir aus Gl.(4.7) ab. Dazu bilden wir den Differenzenquotienten

$$\lim_{\Delta s \to 0}\frac{1}{\Delta s}\left(\rho v A|_{s+\Delta s,t} - \rho v A|_{s,t}\right) = -\lim_{\Delta s \to 0}\frac{1}{\Delta s}\int\limits_{\xi=s}^{s+\Delta s}\frac{\partial \rho A}{\partial t}\mathrm{d}\xi . \tag{4.9}$$

Beim Grenzübergang $\Delta s \to 0$ strebt der Querschnitt $2 \to 1$. Die Massenerhaltung wird an einer infinitesimalen Scheibe gebildet. Wir erhalten die differentielle Form der Kontinuitätsgleichung

$$\frac{\partial}{\partial t}(\rho\,A) + \frac{\partial}{\partial s}(\rho\,v\,A) = 0 . \tag{4.10}$$

---

[2]Wir verweisen noch auf den Kontinuitätssatz in integraler Form einer dreidimensionalen Strömung im Absolutsystem

$$\int\limits_{\overline{B}_c}\frac{\partial \rho}{\partial t}\mathrm{d}V + \int\limits_{\overline{O}_c}\rho\,\vec{v}\cdot\mathrm{d}\vec{o} = 0 .$$

Das Integral erstreckt sich über den Kontrollbereich $\overline{B}_C$, Bild 37.

Ist $A = $ const, so folgt

$$\frac{\partial \rho}{\partial t} + \frac{\partial}{\partial s}(\rho v) = 0 \quad \text{oder} \quad \frac{\mathrm{d}\rho}{\mathrm{d}t} + \rho\frac{\partial v}{\partial s} = 0\,. \tag{4.11}$$

In stationärer Strömung vereinfacht sich die Gl.(4.10) zu:

$$\dot{m} = \text{const} \quad \text{oder} \quad \frac{\mathrm{d}}{\mathrm{d}s}(\rho v A) = 0 \quad \text{bzw.} \quad \frac{\mathrm{d}\rho}{\rho} + \frac{\mathrm{d}v}{v} + \frac{\mathrm{d}A}{A} = 0\,. \tag{4.12}$$

Beispiel 8:

Ein Luftstrom mit der Dichte $\rho_L = 1.24$ kg/s strömt tangential über die Oberseite einer ebenen Platte mit der konstanten Geschwindigkeit $v_\infty = 30$ m/s.
An der Platte entsteht eine Grenzschicht, Bild 29, die an der Stelle B das Geschwindigkeitsprofil

$$\frac{v}{v_\infty} = 2\frac{y}{\delta} - \left(\frac{y}{\delta}\right)^2$$

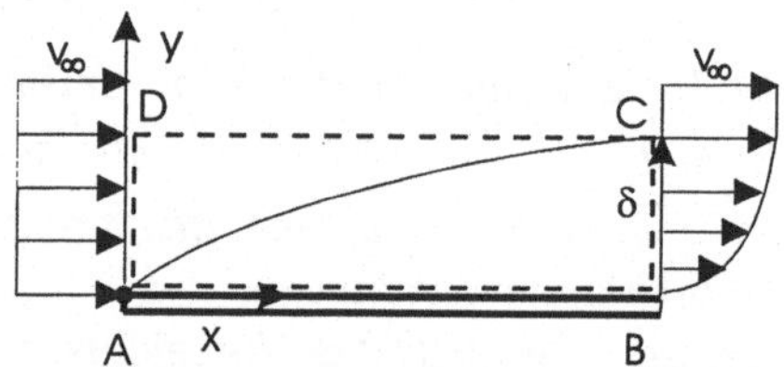

Bild 29 Platte mit Grenzschicht

für $0 \leq y \leq \delta$ besitzt. Berechnen Sie den Massenstrom $\dot{m}_{\overline{CD}}$, der über die Kante $\overline{CD}$ des Kontrollgebietes ABCD abfließt, wenn die Platte die Breite $b = 0.6$ m besitzt und die Grenzschichtdicke $\delta = 0.005$ m in B beträgt!

Lösung: Über die Eintrittsebene $\overline{AD}$ fließt der Massenstrom $\dot{m}_{\overline{AD}} = \rho_L v_\infty \delta b = 0.1116$ kg/s ein. Über die Ebene $\overline{BC}$ tritt der Massenstrom

$$\dot{m}_{\overline{BC}} = \rho_L v_\infty b \int_0^\delta \frac{v}{v_\infty}\mathrm{d}y = \rho_L v_\infty b\delta \int_0^1 (2\xi - \xi^2)\mathrm{d}\xi = \frac{2}{3}\rho_L v_\infty b\delta = 0.0744\,\text{kg/s}$$

aus. Der Massenstrom $\dot{m}_{\overline{CD}} = \dot{m}_{\overline{AD}} - \dot{m}_{\overline{BC}} = 0.0372$ kg/s wird durch die Grenzschicht von der Platte abgedrängt. ∎

4.2 Die Bewegungsgleichung der Fadenströmung

Die Bewegungsgleichung ist die differentielle Form der Impulsgleichung. Sie ergibt sich aus dem Kräftegleichgewicht am strömenden Fluidelement zum Zeitpunkt t. Wir bilden das Kräftegleichgewicht an der fluiden Masse, die sich innerhalb des Stromröhrenabschnittes der Länge Δs befindet. Im vorliegenden Fall sei Δs hinreichend klein. Es gelten die Voraussetzungen 1. bis 4. des Abschnittes 4 mit den Einschränkungen:

1. Die Geschwindigkeit v sei über dem Stromröhrenquerschnitt A konstant, d.h., wir benutzen die über dem Querschnitt gemittelte Geschwindigkeit $v \equiv v_m$.

2. Der Druck p sei außer von s, t auch von n abhängig.

3. Der mittlere Stromfaden der Stromröhre sei raumfest. Seine Lage ist unabhängig von der Zeit.

Die erste Einschränkung vereinfacht unsere Betrachtungen. Allerdings wird gegenüber dem mit r veränderlichen Geschwindigkeitsprofil $v(r, \cdot)$ der Impuls und die Energie nicht exakt bilanziert, worauf wir noch näher eingehen.

Das Kräftegleichgewicht bilden wir mit den Aktionskräften. Wir unterscheiden zwischen den Feldkräften, den Trägheitskräften und den Oberflächenkräften. Von den Feldkräften berücksichtigen wir nur die Schwerkraft mg. Die

d'Alembertsche Trägheitskraft $m\,dv/dt$ wirkt entgegen der Bewegungsrichtung der Fluidmasse. Da sich die Fluidmasse auf einer Bahn mit dem örtlichen Krümmungsradius R gewegt, tritt als weitere Trägheitskraft die Zentrifugalkraft mv^2/R hinzu. Sie wirkt entgegen der Krümmungsnormalen n. Die Oberflächenkräfte bilden die Druckkräfte

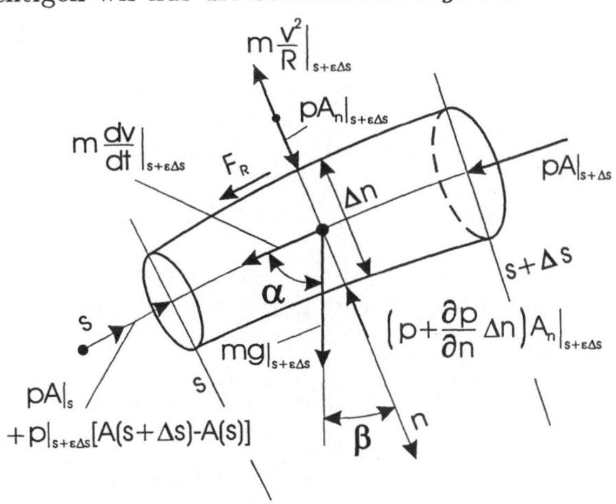

Bild 30 Kräfte am Stromröhrenabschnitt

und die Reibungskraft F_R. Die Darstellung im Bild 30 enthält die genannten Kräfte[3]. Die Pfeile geben die jeweilige Wirkungsrichtung der Kräfte an. Die Fluidmasse im Stromröhrenabschnitt

$$m = \int_s^{s+\Delta s} \rho A\, ds = \rho A\big|_{s+\varepsilon\Delta s}\Delta s = \rho A_n\big|_{s+\varepsilon\Delta s}\Delta n \quad 0 < \varepsilon < 1 \qquad (4.13)$$

kann mit dem Mittelwertsatz der Integralrechnung in Abhängigkeit von Δs oder Δn dargestellt werden. A_n ist hierbei die Projektionsfläche des Stromröhrenab-

---

[3]Die d'Alembertsche Trägheitskraft ist keine Kraft im Newtonschen Sinne, da zu ihr keine Gegenkraft existiert. Sie verletzt das Axiom actio = reactio. Durch ihre Einführung wird aber der Bewegungsvorgang auf ein dynamisches Gleichgewicht zurückgeführt, mit dem man wie in der Statik anschaulich umgehen kann.

schnittes in n-Richtung. Nach Bild 31 gelten die trigonometrischen Beziehungen

$$\cos\alpha = \frac{\mathrm{d}z(s)}{\mathrm{d}s} \quad \text{und} \quad \cos\beta = -\frac{\mathrm{d}z(n)}{\mathrm{d}n}\,. \tag{4.14}$$

Die Reibkraft

$$F_R = \tau_W\,\pi\,d\big|_{s+\varepsilon\Delta s}\Delta s \tag{4.15}$$

stellen wir in Abhängigkeit der Wandschubspannung dar. Nach diesen Vorbereitungen folgt aus dem Kräftegleichgewicht in s-Richtung die Gleichung

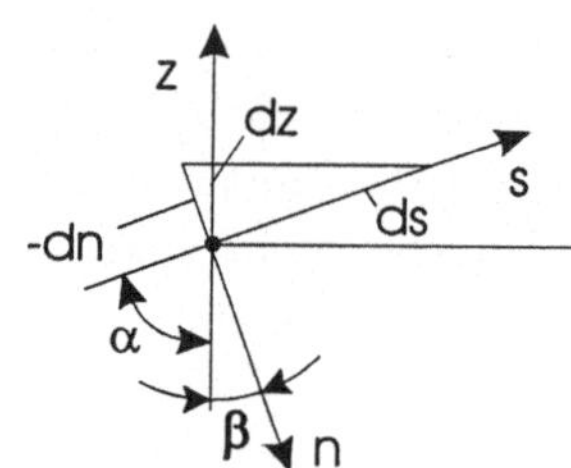

Bild 31 Geometrische Beziehungen

$$\left(m\frac{\mathrm{d}v}{\mathrm{d}t} + mg\cos\alpha\right)_{s+\varepsilon\Delta s} + pA\big|_{s+\Delta s} - pA\big|_{s}$$
$$- p\big|_{s+\varepsilon\Delta s}[A(s+\Delta s) - A(s)] = -F_R\,. \tag{4.16}$$

Wir ersetzen in Gl.(4.16) $m, \cos\alpha$ und F_R durch die Gln.(4.13), (4.14) und (4.15). Anschließend dividieren wir die Gl.(4.16) durch Δs und vollziehen in

$$\rho A\left(\frac{\mathrm{d}v}{\mathrm{d}t} + g\frac{\mathrm{d}z}{\mathrm{d}s}\right)\bigg|_{s} + \lim_{\Delta s\to 0}\frac{1}{\Delta s}\left(pA\big|_{s+\Delta s} - pA\big|_{s}\right)$$
$$- \lim_{\Delta s\to 0}p\big|_{s+\varepsilon\Delta s}\frac{1}{\Delta s}\big[A(s+\Delta s) - A(s)\big] = -\tau_W\,\pi\,d\big|_{s} \tag{4.17}$$

den Grenzübergang. Die beiden Differenzenquotienten gehen dabei in Differentialquotienten über. Wir erhalten die Differentialgleichung

$$\frac{\mathrm{d}v}{\mathrm{d}t} + \frac{1}{\rho}\frac{\partial p}{\partial s} + g\frac{\mathrm{d}z}{\mathrm{d}s} = -\frac{4\,\tau_W}{\rho\,d} \quad \text{mit} \quad A = \frac{d^2\pi}{4} \tag{4.18}$$

oder

$$\frac{\partial v}{\partial t} + v\frac{\partial v}{\partial s} + \frac{1}{\rho}\frac{\partial p}{\partial s} + g\frac{\mathrm{d}z}{\mathrm{d}s} = -\frac{4\,\tau_W}{\rho\,d}\,. \tag{4.19}$$

Vernachlässigen wir die Reibung ($\tau_W = 0$), dann geht Gl.(4.19) in die **Euler-Gleichung** der Fadenströmung über.

Wir bilden nun das Kräftegleichgewicht am fluiden Stromröhrenabschnitt in n-Richtung:

$$m\frac{v^2}{R} - m\,g\,\cos\beta + \frac{\partial p}{\partial n}\Delta n\,A_n\,. \tag{4.20}$$

Mit m nach Gl.(4.13) und $\cos\beta$ nach Gl.(4.14) erhalten wir die Gleichung

$$\frac{1}{\rho}\frac{\partial p}{\partial n} + \frac{v^2}{R} + g\frac{\mathrm{d}z(n)}{\mathrm{d}n} = 0\,. \qquad (4.21)$$

Sie erlaubt die Berechnung der Druckverteilung senkrecht zum mittleren Stromfaden, nachdem zuvor der Druck und die Geschwindigkeit entlang des mittleren Stromfadens mit der Gl.(4.18) und der Kontinuitätsgl.(4.10) berechnet wurden. Ist die Schwerkraft ohne Einfluß auf den Strömungsvorgang, dann vereinfacht sich Gl.(4.21) zu

$$\frac{1}{\rho}\frac{\partial p}{\partial n} = -\frac{v^2}{R}\,. \qquad (4.22)$$

Hiernach findet in einer gekrümmten Strömung stets ein Druckabfall in Richtung der Krümmungsnormalen statt.

4.2.1 Das Integral der Euler-Gleichung

Das hyperbolische Dgl.-System, bestehend aus der Kontinuitätsgl.(4.10) und der Impulsgl.(4.19), beschreibt in dieser Allgemeinheit z.B. für $\rho \approx$ const den Wellencharakter der instationären Flüssigkeitsströmung in einer langen Leitung. Die Zeitabhängigkeit der Strömung entsteht z.B. dadurch, daß sich im Querschnitt 1 der Leitung (linker Rand) ein Hochbehälter mit Flüssigkeit und im Querschnitt 2 der Leitung (rechter Rand) ein Ventil befindet, dessen Querschnitt zeitabhängig gesteuert wird. Der Lösung dieser Anfangs- Randwertaufgabe wenden wir uns hier nicht zu. Das übersteigt den einführenden Charakter der Starthilfe Strömungslehre.
Wir leiten im folgenden eine spezielle vereinfachte Lösung der instationären Leitungsströmung her. Hält man in der Euler-Gleichung (4.19) die Zeit fest (d.h. man behandelt sie als Parameter) und integriert die Gleichung längs s, so erhält man die **Bernoulli-Gleichung**

$$\int \frac{\partial v}{\partial t}\mathrm{d}s + \frac{v^2}{2} + \int \frac{\mathrm{d}p}{\rho} + g\,z = f(t) \quad \text{längs einer Stromlinie} \qquad (4.23)$$

der instationären reibungsfreien kompressiblen Fadenströmung. Dabei haben wir vereinfachend $\tau_W = 0$ gesetzt (reibungsfrei). In Gl.(4.23) ist das Integral $\int \frac{\partial v}{\partial t}\mathrm{d}s$ die Massenträgheitskraft pro Masseneinheit der Fluidmasse in der Leitung, über die sich die Integration erstreckt. Das Integral ist nur in einer instationären Strömung von Null verschieden. Dadurch, daß wir nicht das vollständige hyperbolische Gleichungssystem integrieren, sondern eine Ortsintegration der Impulsgleichung für $t=$ const längs einer Stromlinie vornehmen, geht der Wellencharakter der instationären Strömung verloren. Das hat zur Folge, daß sich eine

Störung (zeitliche Änderung der Geschwindigkeit oder des Druckes) an allen
Orten der Leitung gleichzeitig bemerkbar macht. Die Ausbreitungsgeschwindigkeit (Schallgeschwindigkeit) der Störung ist scheinbar unendlich groß. Diese
Eigenschaft der instationären Bernoulli-Gleichung gilt es, bei ihrer Anwendung
zu beachten. Zur Auswertung der **Druckfunktion** $P = \int \dfrac{dp}{\rho} ds$ muß die Zustandsänderung bzw. der Zusammenhang $\rho(p)$ bekannt sein [IS99].

4.2.2   Die hydrodynamische Fadenströmung

Wir wenden die Gl.(4.23) auf eine Flüssigkeitsströmung mit $\rho = $ const an. Für
die Druckfunktion gilt $P = p/\rho$. Die Bernoulli-Gleichung der instationären reibungsfreien **Flüssigkeitsströmung** ergibt sich zu

$$\rho \int \frac{\partial v}{\partial t} ds + p + \frac{\rho}{2} v^2 + \rho g z = f(t) \quad \text{längs einer Stromlinie}. \tag{4.24}$$

Bei der Anwendung dieser Gleichung auf den konkreten praktischen Fall geht
man wie folgt vor:

Zunächst legen wir das **z-Niveau** fest. Die
Wahl kann beliebig erfolgen. Zweckmäßig
ist aber, wenn die z-Koordinate des mittleren Stromfadens der Stromröhre positiv
ist.
Die positive Strömungsrichtung stimme
mit der s_i-Koordinate überein. Der Querschnitt 1 ist dann der stromaufwärtige
und die Querschnitte 2 und 3 sind die

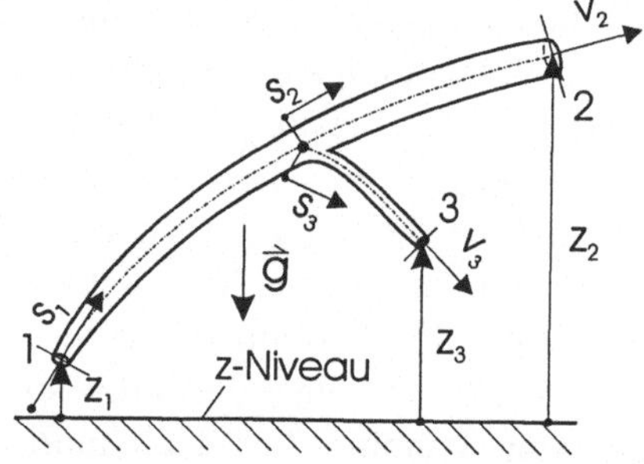

Bild 32 Verzweigte Strömung

stromabwärtigen Querschnitte, wenn sich die Strömung wie im Bild 32 verzweigt. Da die Bernoulli-Gleichung nur längs einer Stromlinie gilt, darf man
mit ihr nur die Zustände in jenen Querschnitten verknüpfen, die auf der gleichen Stromlinie liegen. In unserem Fall trifft das für die Querschnitte $1 \rightarrow 2$
und $1 \rightarrow 3$ zu. Für die sich verzweigende Strömung lassen sich folgende zwei
Gleichungen aufschreiben:

$$\begin{aligned}
\frac{\rho}{2} v_1^2 + p_1 + g\rho z_1 = C_1 &= \rho \int_1^2 \frac{\partial v}{\partial t} ds + \frac{\rho}{2} v_2^2 + p_2 + g\rho z_2 \\
\frac{\rho}{2} v_1^2 + p_1 + g\rho z_1 = C_1 &= \rho \int_1^3 \frac{\partial v}{\partial t} ds + \frac{\rho}{2} v_3^2 + p_3 + g\rho z_3 .
\end{aligned} \tag{4.25}$$

Die zweite Gleichung entfällt, wenn der Querschnitt 3 verschlossen ist oder
der Strang 3 gar nicht existiert. Verzweigt sich die Strömung nicht, sondern
tritt z.B. in den Querschnitten 1 und 2 das Fluid ein und im Querschnitt 3
aus, dann darf man bei der Vereinigung der Ströme die Bernoulli-Gleichung
nicht ohne weiteres zwischen den Querschnitten 1 und 3 und 2 und 3 ansetzen.
Die unterschiedlichen Bernoullischen Konstanten C_1 und C_2 der Ströme führen
im Knoten der Stromröhrenverzweigung zur Verwirbelung und damit zu einem
Verlust an Energie (Dissipation). Wir gehen hier nicht näher auf diesen Fall ein
(vergl. [Ib95]).
In der weiteren Diskussion habe die Stromröhre nur den Eintrittsquerschnitt 1
und den Austrittsquerschnitt 2. Der Strang 3 sei nicht vorhanden. Wir wollen
die Reibung berücksichtigen. In diesem Fall führt die Integration der Gl.(4.19)
mit $\rho = $ const entlang der Stromlinie zwischen den Querschnitten 1 und 2 auf
die Gleichung

$$\frac{\rho}{2}v_1^2 + p_1 + g\rho z_1 = \rho \int_{s_1}^{s_2} \frac{\partial v}{\partial t}\mathrm{d}s + \frac{\rho}{2}v_2^2 + p_2 + g\rho z_2 + \Delta p_{v12} \qquad (4.26)$$

mit dem Druckverlust

$$\Delta p_{v12} = 4 \int_1^2 \frac{\tau_W}{d_{gl}}\mathrm{d}s . \qquad (4.27)$$

Man beachte, daß sich die Trägheit der Flüssigkeitssäule von $1 \rightarrow 2$ und
der Druckverlust Δp_{v12} auf den stromabwärtigen Zustand 2 auswirken. Die
Bernoulli-Gleichung der stationären reibungsbehafteten hydrodynamischen Fadenströmung ist

$$\frac{\rho}{2}v_1^2 + p_1 + g\rho z_1 = \frac{\rho}{2}v_2^2 + p_2 + g\rho z_2 + \Delta p_{v12} . \qquad (4.28)$$

Die Berechnung des Druckverlustes Δp_{v12} erfolgt in Abhängigkeit der Re-Zahl
und der Rohrrauhigkeit nach Ansätzen, die der Literatur [Ib97] zu entnehmen
sind.

4.2.3 Die isentrope Fadenströmung

In einer kompressiblen Strömung sind nicht nur Druck und Geschwindigkeit
längs des Stromfadens veränderlich, sondern zusätzlich auch die Dichte und die
Temperatur. Zur Berechnung gasdynamischer Strömungen müssen neben der
Kontinuitätsgleichung und der Bewegungsgleichung auch der Energiesatz und
die thermische Zustandsgleichung herangezogen werden. Wir gehen auf diesen
Sachverhalt näher im Abschnitt 4.5.1 ein.

Die **isentrope** Strömung eines idealen Gases ist ein Sonderfall der gasdynamischen Strömung, bei der keine Wärme zwischen Umgebung und Fluid ausgetauscht wird und bei der die Strömung völlig verlustfrei (reibungsfrei) fließt. In diesem Fall existiert zwischen Druck und Dichte der bekannte Zusammenhang (isentrope Zustandsänderung) [IS99]

$$\frac{p}{p_0} = \left(\frac{\rho}{\rho_0}\right)^{\varkappa} = \left(\frac{T}{T_0}\right)^{\frac{\varkappa}{\varkappa-1}} \quad \text{mit} \quad \varkappa = \frac{c_p}{c_v} > 1, \tag{4.29}$$

dem Verhältnis der spezifischen Wärmekapazitäten. Der Index 0 kennzeichnet einen Bezugszustand. Mit dieser Gleichung läßt sich die Druckfunktion

$$P = \int \frac{\mathrm{d}p}{\rho} = \frac{p_0^{\frac{1}{\varkappa}}}{\rho_0} \int p^{-\frac{1}{\varkappa}}\mathrm{d}p = \frac{\varkappa}{\varkappa-1}\frac{p}{\rho} = h \tag{4.30}$$

in Gl.(4.23) angeben. Dabei ist h die spezifische **Enthalpie**. Mit Hilfe der thermischen Zustandsgleichung idealer Gase, $p = \rho RT$, kann man zeigen:

$$\frac{\varkappa}{\varkappa-1}\frac{p}{\rho} = \frac{\frac{c_p}{c_v}}{\frac{c_p}{c_v}-1}RT = \frac{c_p}{(c_p - c_v)}(c_p - c_v)T = c_pT = h.$$

Die hier benutzten thermodynamischen Größen und Beziehungen [IS99] setzen wir als bekannt voraus. Auf Grund der geringen Dichte der Gase gegenüber Flüssigkeiten darf man die Schwerkraft in Gl.(4.23) vernachlässigen. Ausgenommen davon sind Auftriebströmungen. Unter den getroffenen Voraussetzungen ergibt sich aus Gl.(4.23) die Bernoulli-Gleichung der stationären isentropen Fadenströmung zu

$$\frac{v^2}{2} + \frac{\varkappa}{\varkappa-1}\frac{p}{\rho} = \frac{v^2}{2} + h = \text{const} \quad \text{längs einer Stromlinie}. \tag{4.31}$$

4.3   Anwendungen der Bernoulli-Gleichung

Wir betrachten zunächst ein einfaches Beispiel. An ihm erläutern wir den Lösungsweg in allen einzelnen Schritten. Die hier geschilderte Vorgehensweise sollte bei den folgenden Beispielen streng beibehalten werden, um Fehler zu vermeiden.

Beispiel 9:

Aus einem Stausee fließt Wasser ($\rho = 10^3\,\text{kg/m}^3$) über eine senkrechte Rohrleitung konstanten Querschnittes $A = 1\,\text{m}^2$ einer Peltonturbine zu. Der Leitungsquerschnitt A und der Austrittsquerschnitt A_3, Bild 33, seien zunächst identisch. Die Rohrleitung verengt sich im Querschnitt 3 nicht (keine Düse).

Die Fallhöhe betrage $H = 100$ m, die Rohrlänge $L = 80$ m. Während des stationären Ausflusses sinkt der Oberspiegel nicht. Der Umgebungsdruck

beträgt $p_u = 10^5$ Pa. Wir wollen die stationäre Ausflußgeschwindigkeit v_3 des Wassers bestimmen und die Verteilung des absoluten Druckes im Rohr und im Stausee bei reibungsfreier Strömung.

Lösung: Die Aufgabenstellung läßt erkennen, daß eine stationäre Fadenströmung vorliegt. Mit Ausnahme der Umgebung des Rohreinlaufes im Stausee ist die Strömung streng eindimensional. Zunächst indizieren wir die interessierenden Querschnitte 1, 2 und 3 im Bild 33. Dann legen wir das

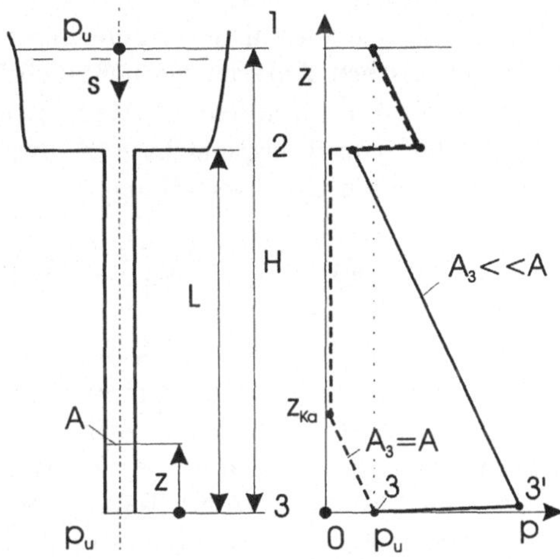

Bild 33 Stausee mit Fallrohr und Druckverteilung

z-Niveau in den Querschnitt 3. Es gelten damit die Randbedingungen:

$$z = z_1 = H, \quad z_3 = 0, \quad z_2 = L, \quad v_1 = 0, \quad p_1 = p_3 = p_u.$$

Der im Querschnitt 3 aus dem Rohr austretende Wasserstrahl nimmt den Druck p_u seiner Umgebung an. Die Querschnitte 1,2 und 3 liegen auf der gleichen Stromlinie. Unter der Annahme, daß auf dieser Stromlinie überall $\rho =$ const ist, gilt nach Gl.(4.28) mit $\Delta p_v = 0$

$$p_1 + \frac{\rho}{2}v_1^2 + g\rho z_1 = p_3 + \frac{\rho}{2}v_3^2 + g\rho z_3 \, ,$$

und mit den Randbedingungen erhalten wir für

$$v_3 = \sqrt{2\,g\,H} = 44.3\,\text{m/s} \tag{4.32}$$

die Ausflußformel von Torricelli. Innerhalb des Rohres ist aus Kontinuitätsgründen $v = v_3$. Um den Druck im Fallrohr zu bestimmen, setzen wir die Bernoulli-Gleichung zwischen dem Austrittsquerschnitt und einem Rohrquerschnitt für variables z an

$$p_u + \frac{\rho}{2}v_3^2 = p + \frac{\rho}{2}v^2 + g\rho z \quad \rightarrow \quad p(z) = p_u - g\,\rho\,z, \quad 0 \le z \le L \, .$$

Es ist ersichtlich, daß vom Austrittsquerschnitt 3 aus der absolute Druck p mit zunehmendem z abnimmt und für $z = z_{Ka} \approx 10\,\text{m}$ den Dampfdruck $p_D \approx 0$ erreicht. Folgen wir der Druckverteilung vom Oberbecken aus, dann nimmt der Druck $p = p_u + g\,\rho\,s$ mit der Eintauchtiefe s linear zu, um im Rohreinlauf auf $p = p_D$ abzusinken. Innerhalb des Leitungsabschnittes von $z_{Ka} \leq z \leq L$ ist $p = p_D$ (gestrichelte Druckverteilung im Bild 33). Das Wasser verdampft. Diesen Zustand nennt man **Kavitation**. Die Bedingung $\rho = $ const ist verletzt, die der Ableitung der Bernoulli-Gleichung zugrunde liegt. Folglich stellt sich auch nicht die berechnete Geschwindigkeit v nach Gl.(4.32) im Rohr ein. In technischen Anlagen, vornehmlich in den Leitungen von Wasserkraftwerken, darf keine Kavitation auftreten. Man vermeidet sie, indem der Austrittsquerschnitt A_3 gegenüber dem Rohrquerschnitt A durch eine Düse stark reduziert wird. Dadurch verändern sich die Druckverteilung

$$p(z) = p_u + \frac{\rho}{2}v_3^2\left[1 - \left(\frac{A_3}{A}\right)^2\right] - g\rho z \quad \text{mit} \quad v = v_3\frac{A_3}{A}$$

gemäß der Darstellung im Bild 33 für $A_3 << A$ und der austretende Volumenstrom. Der Querschnitt A_3 der Düse muß so klein gewählt werden, daß $p > p_D$ für $z \in [0, L]$ gilt. Der niedrigste Druck stellt sich weiterhin im Rohreintrittsquerschnitt z_2 ein, doch liegt er über dem Dampfdruck des Wassers. Beachtenswert ist, daß innerhalb der Düse von 3' $\to$ 3 der größte Teil der potentiellen Energie des Wassers in kinetische Energie umgesetzt wird. Während durch die Verwendung einer Düse die Austrittsgeschwindigkeit $v_3 = 44.3\,\text{m/s}$ unverändert bleibt, verringert sich die Geschwindigkeit im Rohr auf $v = v_3\frac{A_3}{A} = 0.44\,\text{m/s}$ und damit der Volumenstrom.

Dieses Resultat der reibungsfreien Berechnung ist brauchbar, da sich im vorliegenden Beispiel reibungsfreies und reibungsbehaftetes Ergebnis nicht wesentlich unterscheiden, was hier nicht näher gezeigt werden soll. ■

Beispiel 10:

Ein Schütz (unterströmtes Wehr), wie im Bild 34, benutzt man nicht nur zum Aufstau des Wassers, es kann in offenen Kanälen auch zur Messung des Volumenstromes $\dot{V}$ genutzt werden. Der Volumenstrom ist eine Funktion der Wassertiefe z_1, der Schützbreite b und des Öffnungshubes h_{SP} des Schützes. Die Strömung sei reibungsfrei. Die Geschwindigkeitsprofile seien im Zu- und Ablauf unabhängig von z. Der Wasserstrahl kontrahiert beim Austritt unter dem Schütz. Die Kontraktionszahl ist $\mu = z_2/h_{SP}$.
Im einzelnen betragen:
$v_1 = 0.2$ m/s, $\quad z_1 = 1.5$ m, $\quad b = 20$ m,
$h_{SP} = 0.1096$ m, $\quad \rho = 10^3\,\text{kg/m}^3$,
$\mu = 0.51$.
Bestimmen Sie die Wassertiefe z_2, die Geschwindigkeit v_2 und den Volumenstrom

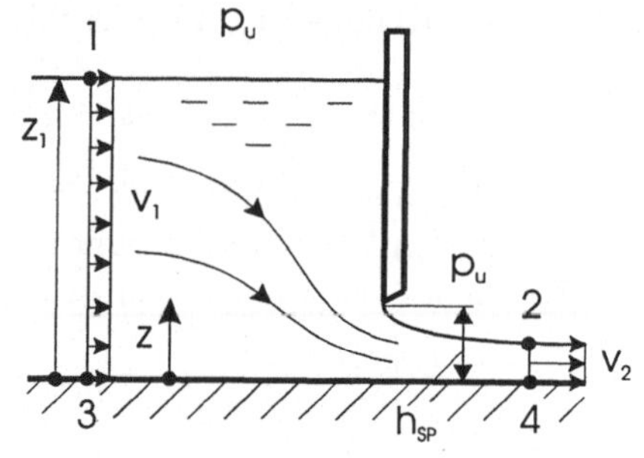

Bild 34 Schützströmung

$\dot{V}$ des schießend unter dem Schütz austretenden Wassers!

Lösung: Die Wassertiefe des Abflusses beträgt $z_2 = \mu\,h_{SP} = 0.51 \cdot 0.1096 = 0.056\,\text{m}$.

Mit der Kontinuitätsgleichung bestimmen wir die Geschwindigkeit des Abflusses

$$v_2 = \frac{v_1 z_1 b}{z_2 b} = v_1 \frac{z_1}{\mu h_{SP}} = 5.37\,\text{m/s}\,.$$

An der Wasseroberfläche herrscht der Umgebungsdruck p_u. Entlang des Stromfadens, auf dem die Punkte 1 und 2 liegen, gilt die Bernoulli-Gl.(4.28)

$$p_u + \frac{\rho}{2} v_1^2 + g\rho z_1 = p_u + \frac{\rho}{2} v_2^2 + g\rho z_2 \quad \rightarrow \quad v_2^2 \left[1 - \left(\frac{v_1}{v_2}\right)^2 \right] = 2g(z_1 - z_2)\,. \qquad (4.33)$$

Zusammen mit der Kontinuitätsgl. $v_1/v_2 = \mu\, h_{SP}/z_1$ erhalten wir den Volumenstrom

$$\dot{V} = v_2\, b\, z_2 = \mu\, h_{SP}\, b\, v_2 = \mu\, h_{SP}\, b \sqrt{\frac{2g(z_1 - \mu\, h_{SP})}{\left[1 - \left(\frac{\mu\, h_{SP}}{z_1}\right)^2 \right]}} = 6\,\text{m}^3/\text{s}\,.$$

Das gleiche Resultat ergibt sich, wenn wir die Bernoulli-Gleichung zwischen den Punkten 3 und 4 ansetzen. In diesem Fall sind $p_3 = g\,\rho\, z_1$ und $p_4 = g\,\rho\, z_2$. Nach der Bernoulli-Gleichung ist

$$\frac{\rho}{2} v_2^2 \left[1 - \left(\frac{v_1}{v_2}\right)^2 \right] = p_3 - p_4 = g\,\rho(z_1 - z_2)\,.$$

Diese Gleichung ist mit Gl.(4.33) identisch. ∎

Im nächsten Beispiel berechnen wir die Ausströmdauer einer Flüssigkeit aus einem zylindrischen Behälter. Dabei wollen wir auf den Unterschied zwischen dem quasistationären und instationären Ausströmen näher eingehen.

Beispiel 11:
Ein zylindrischer Behälter mit dem konstanten Querschnitt A_0 ist mit Wasser gefüllt, Bild 35. Die Anfangslage des Oberspiegels betrage $z_0 = 5$ m. Am Boden des Behälters befindet sich ein Ventil, dessen Öffnungsquerschnitt A_2 stark variabel ist, d.h., $\delta = A_0/A_2$ ist in den Grenzen $1 \leq \delta < \infty$ variierbar. Zum Zeitpunkt $t = 0$ wird das Ventil plötzlich vollständig geöffnet. Damit stellt sich ein vorgegebenes $\delta \in [1,\infty)$ ein. Die anfänglich im Behälter ruhende Flüssigkeit wird beschleunigt. Die Ausflußgeschwindigkeit $v_2(t)$ bzw. $v_2(z_1)$ nimmt zu; gleichzeitig beginnt der Oberspiegel mit der Koordinate z_1 zu sinken.

Der Ausflußvorgang darf quasistationär berechnet werden, wenn $\delta \gg 1$ ist, d.h. A_2 sehr klein gegenüber A_0 ist. Dann nämlich sinkt der Oberspiegel nur langsam und v_2 erreicht näherungsweise die zur aktuellen Spiegelhöhe z_1 gehörige stationäre Geschwindigkeit.

Der Ausflußvorgang vollzieht sich instationär, wenn A_2 die Größenordnung von A_0 hat. In diesem Fall erreicht die Ausflußgeschwindigkeit v_2

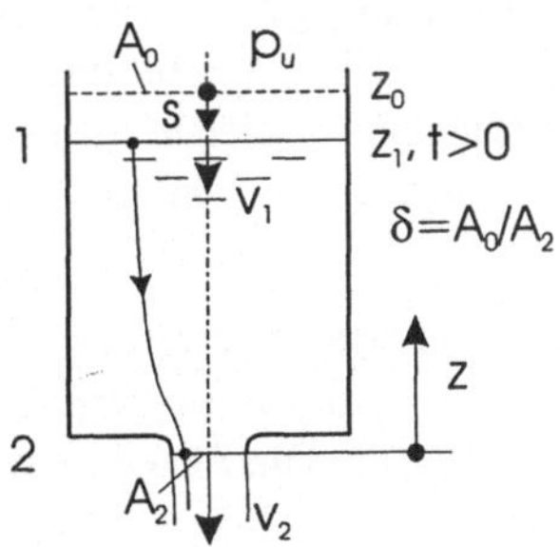

Bild 35 Behälterentleerung

nie den zur aktuellen Spiegelhöhe gehörigen stationären Wert. Der Oberspiegel
sinkt sehr rasch.

Wir suchen die Ausflußdauer Δt des quasistationären und des instationären reibungsfreien Ausströmens. Dabei ist der Fallunterscheidung $\delta^2 = 2$ und $\delta^2 \neq 2$
besondere Aufmerksamkeit zu schenken. In beiden Fälle stelle man die dimensionslose Geschwindigkeit $v_1^2/(2gz_0)$ des Oberspiegels in Abhängigkeit von δ dar.
Bild 35 zeigt die Situation zu einem beliebigen Zeitpunkt $t > 0$. Der Oberspiegel
nimmt die aktuelle Lage z_1 ein.

Lösung: Im Teil 1 der Lösung betrachten wir das quasistationäre Ausströmen. Es
sei $\delta \gg 1$. Obwohl der Oberspiegel während des Ausflußvorganges sinkt, dürfen wir
seine kinetische Energie $\rho v_1^2/2$ vernachlässigen. Wir setzen die Bernoulli-Gl.(4.26) für
die stationäre reibungsfreie Strömung mit $\rho = $ const zwischen den Querschnitten 1
und 2 an:

$$p_1 + \frac{\rho}{2}v_1^2 + g\rho z_1 = p_2 + \frac{\rho}{2}v_2^2 + g\rho z_2 \, . \tag{4.34}$$

Mit den Randbedingungen $p_1 = p_2 = p_u$, $z_2 = 0$, $A_1 = A_0$ und $\rho v_1^2/2 \approx 0$ ist

$$v_2 = \sqrt{2gz_1} \quad \text{und} \quad v_1 = \frac{A_2}{A_1}\sqrt{2gz_1} = \frac{1}{\delta}\sqrt{2gz_1} \, . \tag{4.35}$$

Beziehen wir v_1^2 auf das Quadrat der maximal möglichen Geschwindigkeit $v_0^2 = 2gz_0$,
so erhalten wir schließlich

$$\frac{v_1^2}{v_0^2} = \frac{1}{\delta^2}\frac{z_1}{z_0} \, , \tag{4.36}$$

die Lösung des quasistationären
Ausströmvorganges. Für $\delta =$
1, 1.41 und 2 ist das Geschwin-
digkeitsverhältnis im Bild 36 gestrichelt aufgetragen. Die quasistationäre Lösung berücksichtigt
nicht die Trägheit der Flüssigkeit
beim Anlaufvorgang. Nach Öff-
nen des Ventils erreicht die Geschwindigkeit v_1 gleich ihren zu
z_1 gehörenden maximalen Wert.

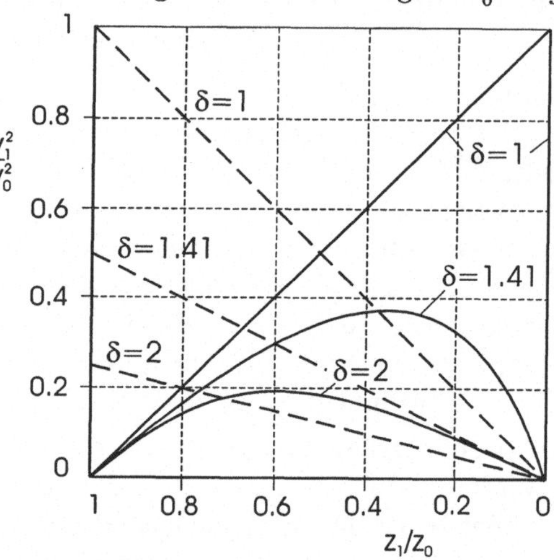

Bild 36 Geschwindigkeitsverteilung

Die gestrichelte Darstellung im Bild 36 für $\delta = 1, 1.41, 2$ ist praktisch nicht relevant,
da $\delta \gg 1$ gelten muß. Die Ausflußdauer berechnet man über die Spiegelabsenkung
auf $z_e \in [0, z_0)$. Die Sinkgeschwindigkeit des Oberwasserspiegels ist

$$v_1 = \frac{\mathrm{d}s_1}{\mathrm{d}t} = -\frac{\mathrm{d}z_1}{\mathrm{d}t} \, . \tag{4.37}$$

Ersetzen wir in Gl.(4.37) v_1 durch Gl.(4.35), so erhalten wir für die zeitliche Änderung der Spiegelkoordinate die gewöhnliche lineare Differentialgleichung

$$\frac{dz_1}{dt} = -\frac{1}{\delta}\sqrt{2\,g\,z_1}\,. \tag{4.38}$$

Nach Trennung der Veränderlichen und Integration folgt für die Ausflußdauer einer Spiegelabsenkung auf z_e:

$$\int\limits_{z_1=z_0}^{z_e} \frac{dz_1}{\sqrt{z_1}} = -\frac{1}{\delta}\sqrt{2\,g}\,\Delta t \quad \rightarrow \quad \Delta t = \delta\sqrt{\frac{2}{g}}(\sqrt{z_0}-\sqrt{z_e})\,. \tag{4.39}$$

Der Behälter hat sich vollständig entleert, wenn $z_e = 0$ ist. Die maximale Ausflußdauer beträgt dann $\Delta t_{max} = \delta\sqrt{2\,z_0/g}$.
Im Teil 2 der Lösung wenden wir uns kurz der schwierigeren instationären Behälterentleerung zu. Ausgangspunkt ist die Gl.(4.26) ohne Druckverlust

$$\frac{\rho}{2}v_1^2 + p_1 + g\rho z_1 = \rho\int\limits_{s=s_1}^{s_2} \frac{\partial v}{\partial t}ds + \frac{\rho}{2}v_2^2 + p_2 + g\rho z_2\,. \tag{4.40}$$

Wir suchen die Lösung obiger Gleichung, die der Anfangs- und der Randbedingung

$$v_1 = v(z_1 = z_0) = 0 \quad \text{für} \quad t = 0, \quad p_1 = p_2 = p_u \quad \text{und} \quad z_2 = 0 \tag{4.41}$$

genügt. Mit der Kontinuitätsgleichung $v(s,t) = v_1(t)A_1/A(s)$ trennen wir die Variablen s und t in $v(s,t)$. Für den zylindrischen Behälter gilt $A(s) = A_1$ mit $s_1 \leq s \leq s_2$. Damit nimmt das Beschleunigungsintegral die Form an

$$\rho\int_{s_2}^{s_2} \frac{\partial v}{\partial t}ds = \rho\frac{dv_1}{dt}\int_{s_1}^{s_2} \frac{A_1}{A(s)}ds = \rho\frac{dv_1}{dt}(s_2 - s_1) = \rho z_1\frac{dv_1}{dt}\,.$$

Mit $v_2 = v_1\frac{A_1}{A_2}$ überführen wir Gl.(4.40) somit in die gewöhnliche Dgl.

$$\frac{dv_1}{dt} + \frac{v_1^2}{2z_1}(\delta^2 - 1) = g \quad \text{mit} \quad \delta = \frac{A_1}{A_2} \geq 1\,. \tag{4.42}$$

In ihr kommt t explizit nicht vor, dafür aber z_1. Wir stellen daher v_1 als Funktion von z_1 dar statt von t. Mit $\frac{dv_1}{dt} = \frac{dv_1}{dz_1}\frac{dz_1}{dt} = -v_1\frac{dv_1}{dz_2} = -\frac{1}{2}\frac{dv_1^2}{dz_1}$ geht die Dgl.(4.42) über in

$$\frac{dv_1^2}{dz_1} - \frac{v_1^2}{z_1}(\delta^2 - 1) = -2\,g\,. \tag{4.43}$$

In dieser Gleichung führen wir die dimensionslose Geschwindigkeit $w^2 = v_1^2/(2gz_0) = v_1^2/v_0^2$ und die dimensionslose unabhängige Variable $\eta = z_1/z_0$ ein. Die Lösung der gewöhnlichen inhomogenen linearen Differentialgleichung

$$\frac{dw^2}{d\eta} - \frac{w^2}{\eta}(\delta^2 - 1) = -1 \tag{4.44}$$

setzt sich aus der Lösung der homogenen Dgl. und einer partikulären Lösung der inhomogenen Dgl. additiv zusammen [WM94]. Die homogene Dgl.

$$\frac{dw^2}{d\eta} = \frac{w^2}{\eta}(\delta^2 - 1) \quad \text{hat die Lösung} \quad w^2|_{hom} = C\,\eta^{(\delta^2-1)}. \tag{4.45}$$

Die partikuläre Lösung der inhomogenen Dgl. erhält man über die Variation der Konstanten. Es folgt unmittelbar

$$w^2|_{inhom} = \frac{\eta}{\delta^2 - 2} \quad \text{für} \quad \delta^2 \neq 2. \tag{4.46}$$

Die Lösung der Gl.(4.44)

$$w^2 = \frac{\eta}{\delta^2 - 2} + C\,\eta^{(\delta^2-1)} \quad \text{für} \quad \delta^2 \neq 2 \tag{4.47}$$

ist bis auf die Konstante C bestimmt. Der Fall $\delta^2 = 2$ bedarf der gesonderten Betrachtung. Die Konstante C ergibt sich aus der Anfangsbedingung (4.41) $w^2(\eta = 1) = 0$ zu $C = -\frac{1}{\delta^2-2}$. Schließlich erhalten wir für $\delta^2 \neq 2$

$$w^2 = \frac{v_1^2}{v_0^2} = \frac{1}{\delta^2 - 2}\left(\frac{z_1}{z_0}\right)\left[1 - \left(\frac{z_1}{z_0}\right)^{(\delta^2-2)}\right] \tag{4.48}$$

oder die Geschwindigkeit des Oberspiegels

$$v_1(\eta) = -\frac{dz_1}{dt} = -z_0\frac{d\eta}{dt} = \sqrt{\frac{2\,g\,z_0}{a}}\sqrt{\eta(1-\eta^a)} \quad \text{mit} \quad a = \delta^2 - 2 \tag{4.49}$$

in Abhängigkeit von $\eta = z_1/z_0$. Die Gl.(4.49) der Spiegelgeschwindigkeit v_1 ist die Differentialgleichung

$$-\frac{d\eta}{\sqrt{\eta(1-\eta^a)}} = \sqrt{\frac{2\,g}{a\,z_0}}dt \tag{4.50}$$

für die Berechnung der Ausflußdauer. Durch Integration erhalten wir für die maximale Ausflußdauer

$$\Delta t_{max} = \sqrt{\frac{a\,z_0}{2\,g}}\int_0^1 \frac{d\eta}{\sqrt{\eta(1-\eta^a)}} = \sqrt{\frac{a\,z_0}{2\,g}}\frac{1}{a}B\left(\frac{1}{2},\frac{1}{2a}\right). \tag{4.51}$$

Eine einfache analytische Lösung des bestimmten Integrals existiert nicht. Nach [AS84] ist das Integral eine Darstellungsform der Beta-Funktion. Die Beta-Funktion läßt sich z.B. auch durch Gamma-Funktionen darstellen. Es ist $B\left(\frac{1}{2},\frac{1}{2a}\right) = \frac{\Gamma(\frac{1}{2})\,\Gamma(\frac{1}{2a})}{\Gamma(\frac{1}{2}+\frac{1}{2a})}$. Abschließend verweisen wir kurz auf den Fall $\delta^2 = 2$. Aus Gl.(4.44) leiten wir die Dgl.

$$\frac{dw^2}{d\eta} - \frac{w^2}{\eta} = -1 \tag{4.52}$$

ab. Analog dem vorangegangenen Lösungsweg mit Variation der Konstanten ist

$$\left(\frac{v_1}{v_0}\right)^2 = -\frac{z_1}{z_0}\ln\frac{z_1}{z_o} \tag{4.53}$$

und

$$\Delta t_{max} = \sqrt{\frac{z_0}{2\,g}}\int_0^1 \frac{\mathrm{d}\eta}{\sqrt{\eta\ln\frac{1}{\eta}}} = \sqrt{\frac{z_0\,\pi}{g}}\,. \tag{4.54}$$

Im Bild 36 sind die Geschwindigkeitsverhältnisse v_1^2/v_0^2 nach den Gln.(4.48) und (4.53) aufgetragen. Weiterführende Beispiele mit ausführlichen Lösungswegen enthält [Ib97].

■

4.4 Der Impulssatz

Der Impulssatz bilanziert die zeitliche Änderung der Bewegungsgröße $m\,\vec{v}$ eines endlichen fluiden Bereiches $\overline{\mathcal{B}}_f$ mit den an diesem Bereich angreifenden äußeren Kräften. Der Bereich $\overline{\mathcal{B}}_f$ besteht stets aus den gleichen Fluidelementen, und folglich bewegt sich $\overline{\mathcal{B}}_f$ mit den Fluidelementen mit. Das Bezugssystem, von dem die Strömung aus beschrieben wird, sei ein (erdfestes) Inertialsystem $\overline{\mathcal{B}}$. Neben dem fluiden Bereich $\overline{\mathcal{B}}_f$ führen wir ein ortsfestes Kontrollvolumen $\overline{\mathcal{B}}_C$, auch Impulsgebiet genannt, ein (Eulersche Darstellung), das zum Zeitpunkt t mit $\overline{\mathcal{B}}_f$ zusammenfällt, Bild 37. Unser Ziel besteht darin, den Impulssatz in integraler Form für das ortsfeste Kontrollvolumen $\overline{\mathcal{B}}_C$ in $\overline{\mathcal{B}}$

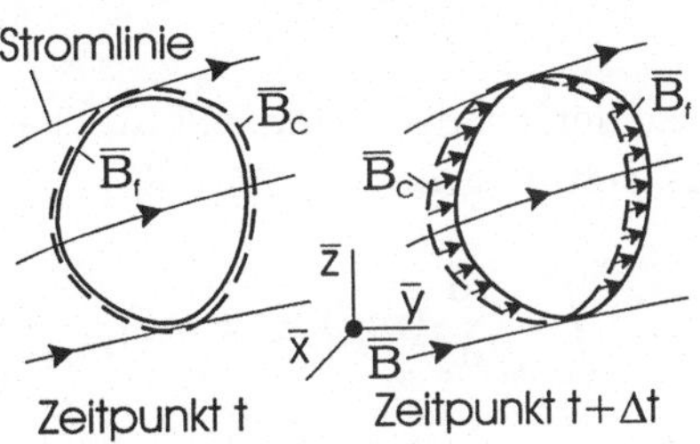

Bild 37 Fluider Bereich $\overline{\mathcal{B}}_f$ und Kontrollvolumen $\overline{\mathcal{B}}_C$

aufzuschreiben. Der Impulssatz läßt sich in integraler oder in differentieller Form angeben. Die differentielle Form bezeichnet man auch als Bewegungsgleichung. Auf diese Gleichung sind wir bereits im Abschnitt 4.2 eingegangen. Ist an einem Teil der Oberfläche $\overline{\mathcal{O}}_C$ des ortsfesten Kontrollvolumens $\overline{\mathcal{B}}_C$ der Strömungszustand bekannt, so läßt sich bei stationärer Strömung mit dem Impulssatz in integraler Form die resultierende Kraft auf die restliche Oberfläche des Kontrollvolumens bestimmen, ohne daß die Strömung im Inneren von $\overline{\mathcal{B}}_C$ im Detail bekannt sein muß. Darin liegt ein in der Praxis oft genutzter Vorteil des Impulssatzes.

Als Beispiel betrachten wir eine Rakete auf dem Prüfstand. Kennt man den Strömungszustand des Treibgases beim Verlassen der Schubdüse, so läßt sich unabhängig von den Vorgängen in der Brennkammer oder in der Schubdüse der Rückstoß der Rakete bestimmen.

Interessiert man sich bei einem um- oder durchströmten Körper für die resultierende Kraft, dann prüft man zunächst, ob sich die gesuchte Kraft nicht mit Hilfe des Impulssatzes bestimmen läßt.

Die Aussage des Impulssatzes oder des 1. Axiomes[4] der Mechanik lautet:

> **Satz 4.1** *Die zeitliche Änderung der translatorischen Bewegungsgröße eines fluiden Bereiches $\overline{B}_f$ ist in einem Inertialsystem gleich der Summe der an $\overline{B}_f$ angreifenden äußeren Kräfte.*

Der Terminus Kraft wird jetzt im Sinne des Newtonschen Begriffes benutzt. Das zweite **Axiom** der Mechanik formuliert den Drehimpulssatz.

Den Impulssatz leiten wir unter den im Abschnitt 4.2 getroffenen Voraussetzungen her. Von den Feldkräften berücksichtigen wir nur die Schwerkraft.

Als Ausgangspunkt für die Herleitung des Impulssatzes wählen wir die zeitliche Änderung der translatorischen Bewegungsgröße einer zeitunabhängigen Einzelmasse (das aus der Physik her bekannte Newtonsche Grundgesetz). Danach ist

$$\frac{\mathrm{d}}{\mathrm{d}t}(m\vec{v}) = \vec{R}. \tag{4.55}$$

$\vec{R}$ ist der resultierende Vektor der äußeren Kräfte, der auf die Masse m wirkt. Das Zeitintegral von Gl.(4.55)

$$\int_{\xi=t_0}^{t} \frac{\mathrm{d}}{\mathrm{d}\xi}(m\vec{v})\mathrm{d}\xi = m\vec{v}\big|_t - m\vec{v}\big|_{t_0} = \int_{\xi=t_0}^{t} \vec{R}\,\mathrm{d}\xi = \vec{J}(t) - \vec{J}(t_0) \tag{4.56}$$

führt auf den **Erhaltungssatz der Bewegungsgröße** einer Einzelmasse. In Gl.(4.56) ist $m\vec{v} = \vec{B}$ der Vektor der Bewegungsgröße. Das Zeitintegral über eine Kraft ist der Vektor des **Impulses** $\vec{J}$. Wirken keine äußeren Kräfte auf m, ist also $\vec{R} = 0$, so ist

$$\vec{B} = m\,\vec{v}\big|_t = \text{const}. \tag{4.57}$$

Die Bewegungsgröße ist also eine **Erhaltungsgröße**. Sie ändert sich nur bei zeitlicher Einwirkung von äußeren Kräften.

Befindet sich z.B. ein Flugkörper in dem kräftefreien Raum zwischen Erde und Mond, so sind seine translatorische Bewegungsgröße und sein Drehimpuls konstant, falls das Triebwerk nicht in Funktion ist.

---

[4]Ein Axiom ist eine analytisch formulierte Grundtatsache. Die Grundtatsache ist beweisbar, aber nicht ableitbar. Der Beweis wird durch das Experiment erbracht.

Gl.(4.56) wenden wir jetzt auf ein Cluster von N Einzelmassen an;

$$\sum_{i=1}^{N} \left[m_i \vec{v}_i \big|_t - m_i \vec{v}_i \big|_{t_0} \right] = \sum_{i=1}^{N} \left[\vec{J}_i(t) - \vec{J}_i(t_0) \right] . \tag{4.58}$$

Die zeitliche Änderung dieser N Bewegungsgrößen führt auf

$$\frac{\mathrm{d}}{\mathrm{d}t} \sum_{i=1}^{N} m_i \vec{v}_i \big|_t = \frac{\mathrm{d}}{\mathrm{d}t} \sum_{i=1}^{N} \vec{J}_i(t) = \sum_{i=1}^{N} \vec{R}_i . \tag{4.59}$$

Größen, die zeitunabhängig sind, verschwinden bei der Differentation. Im nächsten Schritt vollziehen wir den Grenzübergang auf das homogene Fluid. Die Summe auf der linken Seite der Gl.(4.59) geht dabei in ein zeitabhängiges Volumenintegral über; m_i strebt gegen $\mathrm{d}m$ und $\vec{v}_i$ gegen den Geschwindigkeitsvektor $\vec{v}$ der Masse $\mathrm{d}m = \rho\,\mathrm{d}V$. Auf der rechten Seite der Gl.(4.59) zerlegen wir den resultierenden Kraftvektor in einen resultierenden Vektor der Oberflächenkräfte $\vec{R}_O$ und in den resultierenden Vektor der Feldkräfte $\vec{R}_F$, die an $\overline{B}_f$ angreifen. Den geschilderten Grenzübergang können wir uns bildlich vorstellen. Die N Einzelmassen werden erhitzt, so daß sie in den gasförmigen Zustand übergehen. Das Gas bildet den fluiden Bereich $\overline{B}_f$, dessen Volumen V und dessen Oberfläche $\overline{O}_f$ zeitabhängig sind. Die zeitliche Änderung der Bewegungsgröße dieses fluiden Bereiches $\overline{B}_f$ ist dann

$$\frac{\mathrm{d}}{\mathrm{d}t} \vec{B} = \frac{\mathrm{d}}{\mathrm{d}t} \int_{V(t)} \rho\,\vec{v}\,\mathrm{d}V = \vec{R}_O + \vec{R}_F . \tag{4.60}$$

Die Differentation in Gl.(4.60) darf nicht ohne weiteres unter das Integral gezogen werden, da V zeitabhängig ist. Der fluide Bereich $\overline{B}_f$ enthält einen ausgewählten Teil der Masse, die am Strömungsvorgang

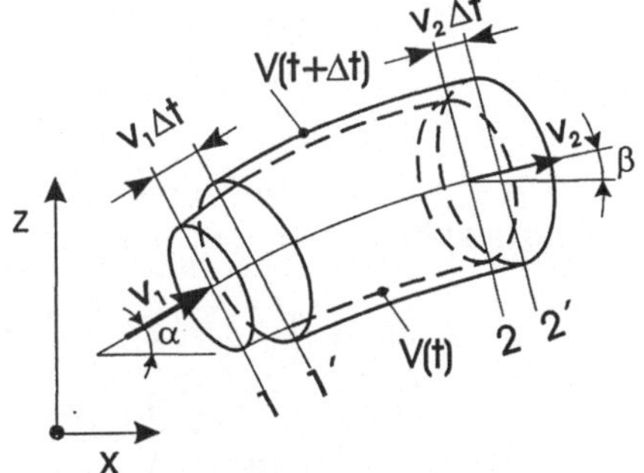

Bild 38 Fluider Bereich $\overline{B}_f$ zu verschiedenen Zeiten

beteiligt ist (Lagrangesche Betrachtungsweise). Bild 38 zeigt den dreidimensionalen Bereich $\overline{B}_f$ zu den Zeiten t und $t + \Delta t$ in der x, z-Ebene[5]. Den Differentialquotienten $\frac{\mathrm{d}}{\mathrm{d}t}\vec{B}(t)$ ersetzen wir durch einen Differenzenquotienten

$$\frac{\mathrm{d}}{\mathrm{d}t} \vec{B}(t) = \lim_{\Delta t \to 0} \frac{1}{\Delta t} \left[\vec{B}(t + \Delta t) - \vec{B}(t) \right] . \tag{4.61}$$

---

[5]Das Relativsystem $\mathcal{B}$, für das die Koordinaten x, y, z reserviert sind, ist im vorliegenden Fall mit dem Absolutsystem $\overline{B}$ identisch. Den Impulssatz für das Relativsystem geben wir im Abschnitt 4.5 an.

Diesen zerlegen wir in die x- und z-Komponente. Die Zerlegung nach der y-Komponente entfällt, da sich $\overline{\mathcal{B}}_f$ nur in der x,z-Ebene krümmt, was keine Einschränkung ist. Wir vereinbaren $v_1 = |\vec{v}_1|$ und $v_2 = |\vec{v}_2|$. Damit erhalten wir für die x-Komponente der Bewegungsgröße zum Zeitpunkt t

$$\vec{B}(t)\big|_x = \int_1^2 \rho\,\vec{v}\big|_{x,t}\mathrm{d}V = \int_{1,t}^{1'} \rho\,\vec{v}\big|_{x,t}\mathrm{d}V + \int_{1',t}^2 \rho\,\vec{v}\big|_{x,t}\mathrm{d}V\,. \qquad (4.62)$$

Sind die Abstände $v_1\Delta t$ und $v_2\Delta t$ hinreichend klein, so darf der Integrand des ersten Integrals auf der rechten Seite von Gl.(4.62) durch die Größen $\rho_1 v_1 \cos\alpha$ ersetzt werden. Wir erhalten

$$\vec{B}(t)\big|_x = \rho_1 v_1 \cos\alpha\, A_1 v_1 \Delta t + \int_{1',t}^2 \rho\,\vec{v}\big|_{x,t}\mathrm{d}V = \overset{\bullet}{m}_1\, v_1 \Delta t \cos\alpha$$
$$+ \int_{1',t}^2 \rho\,\vec{v}\big|_{x,t}\mathrm{d}V\,. \qquad (4.63)$$

Analog folgt für die x-Komponente der Bewegungsgröße zum Zeitpunkt $t + \Delta t$

$$\vec{B}(t+\Delta t)\big|_x = \int_{1'}^{2'} \rho\vec{v}\big|_{x,t+\Delta t}\mathrm{d}V = \int_{1',t+\Delta t}^2 \rho\vec{v}\big|_{x,t+\Delta t}\mathrm{d}V + \int_2^{2'} \rho\vec{v}\big|_{x,t+\Delta t}\mathrm{d}V$$
$$= \overset{\bullet}{m}_2\, v_2 \Delta t \cos\beta + \int_{1',t+\Delta t}^2 \rho\,\vec{v}\big|_{x,t+\Delta t}\mathrm{d}V\,.$$
$$(4.64)$$

Mit den Gln.(4.63) und (4.64) bilden wir nun die x-Komponente des Differentialquotienten (4.61)

$$\frac{\mathrm{d}}{\mathrm{d}t}\vec{B}(t)\big|_x = \overset{\bullet}{m}_2\, v_2 \cos\beta - \overset{\bullet}{m}_1\, v_1 \cos\alpha$$
$$+ \lim_{\Delta t\to 0} \frac{1}{\Delta t}\left\{ \int_{1',t+\Delta t}^2 \rho\vec{v}\big|_{x,t+\Delta t}\mathrm{d}V - \int_{1',t}^2 \rho\vec{v}\big|_{x,t}\mathrm{d}V \right\}\,. \qquad (4.65)$$

Wir entwickeln

$$\rho\,\vec{v}\big|_{x,t+\Delta t} = \rho\,\vec{v}\big|_{x,t} + \frac{\partial}{\partial t}(\rho\vec{v})\Big|_{x,t}\Delta t + \cdots \qquad (4.66)$$

um t in eine Taylorreihe. Glieder mit $(\Delta t)^2$ und höherer Ordnung verschwinden beim nachfolgenden Grenzübergang. Das Integral über das Integrationsgebiet zum Zeitpunkt $t + \Delta t$ zerlegen wir in die beiden Teile

$$\int_{1',t+\Delta t}^2 (\,)\big|_{x,t+\Delta t}\mathrm{d}V = \int_{1',t}^2 (\,)\big|_{x,t+\Delta t}\mathrm{d}V + \Delta t \int_{1',t}^2 (\,)\frac{\partial A}{\partial t}\Big|_{x,t+\Delta t}\mathrm{d}s\,. \qquad (4.67)$$

Mit den Entwicklungen (4.66) und (4.67) erhalten wir für den letzten Term in
Gl.(4.65)

$$
\begin{aligned}
\lim_{\Delta t\to 0}\frac{1}{\Delta t}\{\ \} &= \lim_{\Delta t\to 0}\frac{1}{\Delta t}\left\{\int_{1',t}^{2}\rho\vec{v}\big|_{x,t}\mathrm{d}V + \Delta t\int_{1',t}^{2}\frac{\partial\rho\vec{v}}{\partial t}\bigg|_{x,t}A\,\mathrm{d}s + \cdots\right.\\
&\quad + \Delta t\int_{1',t}^{2}\rho\vec{v}\frac{\partial A}{\partial t}\bigg|_{x,t}\mathrm{d}s + \cdots - \left.\int_{1',t}^{2}\rho\vec{v}\big|_{x,t}\mathrm{d}V\right\}\\
&= \int_{1}^{2}\frac{\partial}{\partial t}(\rho\vec{v}A)\bigg|_{x,t}\mathrm{d}s\,.
\end{aligned}
$$

Folglich ist

$$
\frac{\mathrm{d}}{\mathrm{d}t}\vec{B}(t)\big|_{x} = \dot{m}_2\,v_2\cos\beta - \dot{m}_1\,v_1\cos\alpha + \int_{1}^{2}\frac{\partial}{\partial t}(\rho\vec{v}A)\bigg|_{x,t}\mathrm{d}s\,. \tag{4.68}
$$

Entsprechend ergibt sich für die z-Komponente der Bewegungsgröße

$$
\vec{B}(t)\big|_{z} = \dot{m}_1\,v_1\Delta t\sin\alpha + \int_{1',t}^{2}\rho\vec{v}\big|_{z,t}\mathrm{d}V \tag{4.69}
$$

und

$$
\vec{B}(t+\Delta t)\big|_{z} = \dot{m}_2\,v_2\Delta t\sin\beta + \int_{1',t+\Delta t}^{2}\rho\vec{v}\big|_{z,t+\Delta t}\mathrm{d}V\,. \tag{4.70}
$$

Die z-Komponente des Differentialquotienten (4.61) ist nun

$$
\begin{aligned}
\frac{\mathrm{d}}{\mathrm{d}t}\vec{B}(t)\big|_{z} &= \dot{m}_2\,v_2\sin\beta - \dot{m}_1\,v_1\sin\alpha\\
&\quad + \lim_{\Delta t\to 0}\frac{1}{\Delta t}\left\{\int_{1',t+\Delta t}^{2}\rho\vec{v}\big|_{z,t+\Delta t}\mathrm{d}V - \int_{1',t}^{2}\rho\vec{v}\big|_{z,t}\mathrm{d}V\right\}\,.
\end{aligned} \tag{4.71}
$$

Über die gleichlautenden Entwicklungen (4.66) und (4.67) für die z-Komponente
folgt schließlich

$$
\frac{\mathrm{d}}{\mathrm{d}t}\vec{B}(t)\big|_{z} = \dot{m}_2\,v_2\sin\beta - \dot{m}_1\,v_1\sin\alpha + \int_{1}^{2}\frac{\partial}{\partial t}(\rho\vec{v}A)\bigg|_{z,t}\mathrm{d}s\,. \tag{4.72}
$$

Da die zeitliche Änderung der Bewegungsgröße gleich der Summe der äußeren
Kräfte ist, lauten die beiden Komponenten des Gleichgewichtes

$$
\frac{\mathrm{d}}{\mathrm{d}t}\vec{B}(t)\big|_{x} = F_x \quad \text{und} \quad \frac{\mathrm{d}}{\mathrm{d}t}\vec{B}(t)\big|_{z} = F_z\,. \tag{4.73}
$$

Im Bild 39 sind an $\overline{\mathcal{B}}_f$ die wirkenden Oberflächen- und Feldkräfte angetragen. Im einzelnen sind:

$\vec{F}_M$ ist die Druckkraft der Umgebung auf den Mantel von $\overline{\mathcal{B}}_f$,

$\vec{F}_R$ ist die Reibkraft, die der Bewegungsrichtung von $\overline{\mathcal{B}}_f$ entgegengerichtet ist,

$\vec{F}_F$ ist die Feldkraft, die nur aus dem Eigengewicht besteht ($\vec{F}_F = \int \vec{g}\rho \mathrm{d}V$ mit $\vec{g} = -\vec{e}_z g$ gemäß Bild 39).

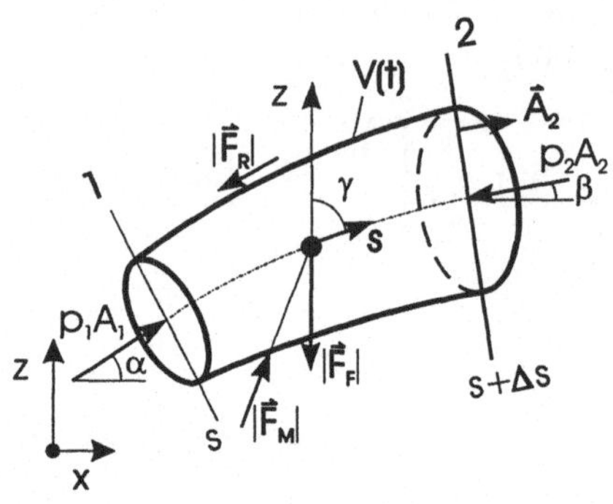

Bild 39 Bereich $\overline{\mathcal{B}}_f$ mit Oberflächenkräften und Schwerkraft

Die x-Komponente der resultierenden Kräfte ist

$$F_x = p_1 A_1 \cos\alpha - p_2 A_2 \cos\beta - F_{Rx} - F_{Fx} + F_{Mx}\,, \qquad (4.74)$$

und die z-Komponente ist

$$F_z = p_1 A_1 \sin\alpha - p_2 A_2 \sin\beta - F_{Rz} - F_{Fz} + F_{Mz}\,. \qquad (4.75)$$

Damit erhalten wir für die beiden unabhängigen Bilanzen:
in x-Richtung

$$\overset{\bullet}{m}_2\, v_2 \cos\beta - \overset{\bullet}{m}_1\, v_1 \cos\alpha + \int_1^2 \frac{\partial}{\partial t}(\rho\vec{v}A)\Big|_x \mathrm{d}s - p_1 A_1 \cos\alpha + p_2 A_2 \cos\beta \\ + F_{Rx} + F_{Fx} - F_{Mx} = 0 \qquad (4.76)$$

und in z-Richtung

$$\overset{\bullet}{m}_2\, v_2 \sin\beta - \overset{\bullet}{m}_1\, v_1 \sin\alpha + \int_1^2 \frac{\partial}{\partial t}(\rho\vec{v}A)\Big|_z \mathrm{d}s - p_1 A_1 \sin\alpha + p_2 A_2 \sin\beta \\ + F_{Rz} + F_{Fz} - F_{Mz} = 0\,. \qquad (4.77)$$

Die Gln.(4.76) und (4.77) lassen sich zu einer Vektorgleichung zusammenfassen. Wir vereinbaren, daß der Flächenvektor der Oberfläche $\overline{\mathcal{O}}_f$ von $\overline{\mathcal{B}}_f$ nach außen gerichtet ist. Dann folgt für den Impulssatz in integraler Form

$$\overset{\bullet}{m}_2\, \vec{v}_2 - \overset{\bullet}{m}_1\, \vec{v}_1 + \int_1^2 \frac{\partial}{\partial t}(\rho\vec{v}A)\mathrm{d}s + p_1 \vec{A}_1 + p_2 \vec{A}_2 + \vec{F}_R - \vec{F}_F - \vec{F}_M = 0\,. \qquad (4.78)$$

Die Gl.(4.78) beschreibt die Aussage des Impulssatzes an dem endlichen fluiden Bereich $\overline{\mathcal{B}}_f$. Wir wechseln jetzt von der Lagrangeschen zur Eulerschen

Darstellung und betrachten einen Stromröhrenabschnitt zwischen raumfesten Begrenzungswänden. Der Stromröhrenabschnitt ist aus einer endlich langen Stromröhre herausgeschnitten. Er besitzt einen Eintrittsquerschnitt 1 bei s und einen Austrittsquerschnitt 2 bei $s + \Delta s$. Innerhalb des Stromröhrenabschnittes,

aber an diesen anliegend, legen wir das ortsfeste Kontrollvolumen (Impulsgebiet) $\overline{B}_C$, Bild 40. Da zum Zeitpunkt t der fluide Bereich $\overline{B}_f$ und das Kontrollvolumen $\overline{B}_C$ zusammenfallen (Bild 37 und 40), ist Gl.(4.78) auch auf $\overline{B}_C$ übertragbar. Multipliziert man die

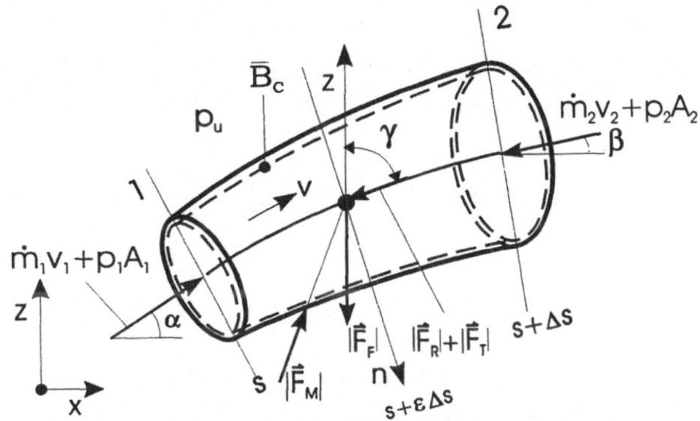

Bild 40 Kontrollvolumen $\overline{B}_C$ mit Kräften

Gln.(4.76) und (4.77) mit (-1), so ergibt sich die Richtung der im Bild 40 eingezeichneten Kräfte. Am Mantel des Kontrollvolumens bzw. der Stromröhre verschwinde die Geschwindigkeit infolge der Wandhaftung. Die raumfesten Begrenzungsflächen $s = \text{const}$ und $s+\Delta s = \text{const}$ des Impulsgebietes schneiden die Strömung, aber nicht den Stromröhrenmantel, Bild 40. An diesen Schnittflächen werden ursprünglich innere Kräfte zu äußeren Kräften. Die Schnittreaktion im Querschnitt $s = \text{const}$ ist innerhalb der Strömung $\dot{m}_1\,v_1+p_1A_1$ und die im Querschnitt $s+\Delta s = \text{const}$ ist $\dot{m}_2\,v_2+p_2A_2$. Beide Anteile bestehen aus der zeitlichen Änderung der Bewegungsgröße und der Druckkraft. Im Eintrittsquerschnitt $s = \text{const}$ hat die Schnittkraft die Richtung des Geschwindigkeitsvektors $\vec{v}_1$, und im Austrittsquerschnitt $s + \Delta s = \text{const}$ ist die entsprechende Schnittreaktion entgegen $\vec{v}_2$ gerichtet. Die Trägheitskraft des im Kontrollvolumen beschleunigten Fluides ist

$$\vec{F}_T = \int_s^{s+\Delta s} \frac{\partial}{\partial t}(\rho \vec{v} A)\,\mathrm{d}s\,.$$

$\vec{F}_M$ ist die Kraft, die der Mantel der Stromröhre bzw. des Kontrollvolumens auf die Strömung ausübt. Diese Kraft ist nicht mit der Haltekraft $\vec{F}_H$ des festen Stromröhrenmantels identisch, wohl aber hängt $\vec{F}_H$ von $\vec{F}_M$ ab.

$\vec{F}_F = \int \vec{g}\rho\mathrm{d}V$ mit $\vec{g} = -\vec{e}_z g$ ist die Schwerkraft des Fluides im Stromröhrenabschnitt.

Am Kontrollvolumen $\overline{B}_C$ des Bildes 40 haben wir die nach Gl.(4.78) wirkenden Kräfte eingetragen. Häufig wird diese Kraftbilanz dazu benutzt, um die Kraft

$\vec{F}_M$ oder $\vec{F}_H$ zu bestimmen. $\vec{F}_M$ ist mit der gesuchten Haltekraft $\vec{F}_H$ identisch, falls der Umgebungsdruck p_u auf dem Mantel Null ist.

Den Impulssatz (4.78) überführen wir jetzt in die differentielle Form. Bei diesem Grenzübergang rücken die beiden Querschnitte s und $s + \Delta s$ des Strömungsabschnittes im Bild 40 gegeneinander. Dabei sei Δs so klein, daß zwischen den Winkeln α und β nicht mehr unterschieden werden muß. Der Impulssatz des sich in s-Richtung erstreckenden Stromröhrenabschnittes der Länge Δs lautet dann

$$
\begin{aligned}
&\rho A v^2\big|_{s+\Delta s} - \rho A v^2\big|_s + \int_{\xi=s}^{s+\Delta s} \frac{\partial}{\partial t}(\rho v A)\,\mathrm{d}\xi + pA\big|_{s+\Delta s} - pA\big|_s \\
&+ \pi\,\tau_W d\big|_{s+\varepsilon\Delta s}\Delta s + g\rho A\big|_{s+\varepsilon\Delta s}\Delta s \cos\gamma - \left(A\big|_{s+\Delta s} - A\big|_s\right)p\big|_{s+\varepsilon\Delta s} = 0\,.
\end{aligned}
\tag{4.79}
$$

In dieser Gleichung haben wir die Reibkraft durch $F_R = \pi\tau_W d\big|_{s+\varepsilon\Delta s}\Delta s$, die Komponente des Eigengewichtes in s-Richtung durch $F_{Fs} = g\rho A\big|_{s+\varepsilon\Delta s}\Delta s \cos\gamma$ und die Mantelkraft durch $F_M = \left(A\big|_{s+\Delta s} - A\big|_s\right)p\big|_{s+\varepsilon\Delta s}$ ersetzt.

τ_W ist die Wandschubspannung. Nach Bild 40 ist $\cos\gamma = \mathrm{d}z/\mathrm{d}s$. Wir dividieren Gl.(4.79) durch Δs und führen den Grenzübergang $\Delta s \to 0$ aus. Die Rechnung ergibt den Impulssatz in der differentiellen Form

$$
\frac{\partial}{\partial t}(\rho v A) + \frac{\partial}{\partial s}(\rho v^2 A) + A\frac{\partial p}{\partial s} + g\rho A\frac{\mathrm{d}z}{\mathrm{d}s} = -\pi\,\tau_W\,d\,.
\tag{4.80}
$$

In Gl.(4.80) ersetzen wir die Wandschubspannung durch $\tau_W = \frac{\lambda_{in}}{8}\rho v|v|$. Mit dem Rohrreibungsbeiwert der instationären Strömung[6] $\lambda_{in} \approx \lambda$ lautet der Dämpfungsansatz

$$
F = -\frac{\lambda_{in}}{2d}v|v|\,.
\tag{4.81}
$$

Damit folgt schließlich:

$$
\frac{\partial}{\partial t}(\rho v A) + \frac{\partial}{\partial s}(\rho v^2 A) + A\frac{\partial p}{\partial s} + g\rho A\frac{\mathrm{d}z}{\mathrm{d}s} = \rho A F\,.
\tag{4.82}
$$

Gl.(4.82) ist die quasi konservative Form des Impulssatzes. In die streng konservative Form (Divergenzform) geht die Gl.(4.82) nur für $A = \mathrm{const}$ über. In Gl.(4.82) ist die Kontinuitätsgleichung (4.10) enthalten. Es ist nämlich

$$
\rho A\frac{\partial v}{\partial t} + v\frac{\partial \rho A}{\partial t} + v\frac{\partial}{\partial s}(\rho v A) + \rho v A\frac{\partial v}{\partial s} + A\frac{\partial p}{\partial s} + g\rho A\frac{\mathrm{d}z}{\mathrm{d}s} = \rho A F\,,
$$

---

[6]Der Rohrreibungsbeiwert λ der stationären Strömung ist dem Colebrook-Diagramm in Abhängigkeit von der Re-Zahl und der Rohrrauhigkeit zu entnehmen [Ib97].

woraus ersichtlich ist, daß die Summe des zweiten und dritten Terms gerade Null ergibt. Der auf diese Weise umgeformte Impulssatz

$$\frac{\partial v}{\partial t} + v\frac{\partial v}{\partial s} + \frac{1}{\rho}\frac{\partial p}{\partial s} + g\frac{\mathrm{d}z}{\mathrm{d}s} = F \qquad (4.83)$$

ist die Bewegungsgleichung der Fadenströmung, Gl.(4.19). Die Bewegungsgleichung ist unabhängig von A und gilt auf jeder Stromlinie.

4.4.1 Korrektur des Impulssatzes der Fadenströmung

Der Impulssatz (4.78) in der integralen Form gilt streng genommen nur für die eindimensionale Strömung mit konstanter Geschwindigkeit über dem Stromröhrenquerschnitt. Wollen wir ihn auf eine Strömung in einer Stromröhre mit schwach veränderlichem Querschnitt und einem Geschwindigkeitsprofil $v(r,\cdot) = v(s,r,t)$ anwenden und dabei die über dem Querschnitt gemittelte Geschwindigkeit v beibehalten, so ist eine Korrektur des Impulses erforderlich. Ebenso ist der noch zu besprechende Energiesatz der Fadenströmung zu korrigieren. Die Korrektur des Impulses und der Energie ist nur im begrenzten Umfang möglich, da sich das Gleichungssystem einer eindimensionalen Strömung nicht beliebig genau zwei- und dreidimensionalen Strömungseffekten anpassen läßt. Die Korrektur der Bewegungsgleichung kann nach zwei verschiedenen Gesichtspunkten erfolgen. Wir setzen uns zunächst mit den für die Korrektur erforderlichen Ungleichförmigkeitsfaktoren für Impuls und Energie auseinander. Die Bewegungsgleichung (4.83) mit $v(r,\cdot) = v(r,s,t)$

$$\frac{\partial v(r,\cdot)}{\partial t} + v(r,\cdot)\frac{\partial v(r,\cdot)}{\partial s} + \frac{1}{\rho}\frac{\partial p}{\partial s} + g\frac{\mathrm{d}z}{\mathrm{d}s} = F = -\frac{\lambda_{in}}{2d}v|v|, \qquad (4.84)$$

beschreibt das Kräftegleichgewicht am infinitesimalen Fluidelement in jedem Punkt des Querschnittes $A(s,t)$ der Stromröhre. Der Reibungsterm F muß im Gegensatz zur linken Gleichungsseite mit der mittleren Geschwindigkeit gebildet werden, da der Druckverlust bzw. λ mit der mittleren Geschwindigkeit definiert ist. Die Terme in Gl.(4.84) haben die Maßeinheit Beschleunigung oder Kraft pro Masse. Bekanntlich ist das Integral der Bewegungsgleichung (4.84) entlang einer Stromlinie die Bernoulli-Gl.(4.26). Die Terme der Gl.(4.26) haben die Maßeinheit Energie pro Volumeneinheit. Man interpretiert daher die Bernoulli-Gleichung häufig auch als Energiegleichung. Von diesem Standpunkt aus kann man die Bewegungsgleichung so korrigieren, daß ihr Integral, die Bernoulli-Gleichung, die spezifische mechanische Leistung einer Strömung mit Geschwindigkeitsprofil innerhalb der Stromröhre mit der über dem Querschnitt gemittelten Geschwindigkeit v vollständig beschreibt. Dazu muß Gl.(4.84) mit

$v(r, \cdot)\,\mathrm{d}A$ multipliziert und über A integriert werden. Wir verfolgen zunächst diese übliche Vorgehensweise. Mit der über dem Querschnitt gemittelten Geschwindigkeit nach Gl.(4.2)

$$v = v_m = \frac{1}{A}\int_A v(r, \cdot)\,\mathrm{d}A \quad \text{bzw.} \quad v\,A = \int_A v(r, \cdot)\,\mathrm{d}A$$

folgt aus Gl.(4.84)

$$\frac{1}{2}\int_A \frac{\partial v^2(r, \cdot)}{\partial t}\mathrm{d}A + \frac{1}{3}\int_A \frac{\partial v^3(r, \cdot)}{\partial s}\mathrm{d}A + \frac{1}{\rho}\frac{\partial p}{\partial s}\,v\,A + g\frac{\mathrm{d}z}{\mathrm{d}s}\,v\,A = F\,v\,A. \quad (4.85)$$

An der Stromröhrenwand verschwindet $v(R, \cdot)$, d.h. es ist $v(s, R, t) = 0$ für jedes s und t des Definitionsbereiches. Infolgedessen ist

$$\frac{1}{2}\int_A \frac{\partial v^2(r, \cdot)}{\partial t}\mathrm{d}A = \frac{1}{2}\int_0^{R(s,t)} 2\pi r\frac{\partial v^2(r, \cdot)}{\partial t}\mathrm{d}r = \frac{1}{2}\frac{\partial}{\partial t}\int_0^{R(s,t)} 2\pi r v^2(r, \cdot)\mathrm{d}r$$
$$= \frac{1}{2}\frac{\partial}{\partial t}\Big\{\int_A v^2(r, \cdot)\mathrm{d}A\Big\},$$

denn

$$\frac{1}{2}\frac{\partial}{\partial t}\int_0^{R(s,t)} 2\pi r\, v^2(r, \cdot)\mathrm{d}r = \pi R v^2(R, \cdot)\frac{\partial R}{\partial t} + \frac{1}{2}\int_0^R 2\pi r\frac{\partial v^2(r, \cdot)}{\partial t}\mathrm{d}r$$
$$= \frac{1}{2}\int_0^{R(s,t)} 2\pi r\frac{\partial v^2(r, \cdot)}{\partial t}\mathrm{d}r = \frac{1}{2}\int_A \frac{\partial v^2(r, \cdot)}{\partial t}\,\mathrm{d}A. \qquad (4.86)$$

Aus gleichem Grunde ist

$$\frac{1}{3}\int_A \frac{\partial v^3(r, \cdot)}{\partial s}\,\mathrm{d}A = \frac{1}{3}\frac{\partial}{\partial s}\Big\{\int_A v^3(r, \cdot)\,\mathrm{d}A\Big\}. \qquad (4.87)$$

Gl.(4.85) nimmt mit den Gln.(4.86) und (4.87) die Gestalt

$$\frac{1}{2}\frac{\partial}{\partial t}\Big\{\int_A v^2(r, \cdot)\,\mathrm{d}A\Big\} + \frac{1}{3}\frac{\partial}{\partial s}\Big\{\int_A v^3(r, \cdot)\,\mathrm{d}A\Big\} + \frac{1}{\rho}\frac{\partial p}{\partial s}vA + gvA\frac{\mathrm{d}z}{\mathrm{d}s} = vAF$$
$$(4.88)$$

an. Wir definieren nun den Ungleichförmigkeitsfaktor für den Impuls

$$\gamma_k(s, t) = \frac{1}{v^2 A}\int_A v^2(r, \cdot)\,\mathrm{d}A \qquad (4.89)$$

und den Ungleichförmigkeitsfaktor für die Energie

$$\beta_k(s,t) = \frac{1}{v^3 A} \int_A v^3(r, \cdot)\, \mathrm{d}A\,. \tag{4.90}$$

Damit erhalten wir für die Leistungsbilanz

$$\frac{1}{2}\frac{\partial}{\partial t}\left(\gamma_k v^2 A\right) + \frac{1}{3}\frac{\partial}{\partial s}\left(\beta_k v^3 A\right) + \frac{1}{\rho}vA\frac{\partial p}{\partial s} + gvA\frac{\mathrm{d}z}{\mathrm{d}s} = vAF\,. \tag{4.91}$$

Nach den Gln.(4.89) und (4.90) sind γ_k und β_k Funktionen von s und t. Wir fordern aber $\gamma_k A = \text{const}$ und $\beta_k A = \text{const}$. Damit paßt man näherungsweise die Fadenströmung mehrdimensionalen Effekten an. Gl.(4.91) geht in

$$\gamma_k vA\frac{\partial v}{\partial t} + \frac{v^2}{2}\frac{\partial}{\partial t}\left(\gamma_k A\right) + \beta_k v^2 A\frac{\partial v}{\partial s} + \frac{v^3}{3}\frac{\partial}{\partial s}\left(\beta_k A\right) + \frac{1}{\rho}vA\frac{\partial p}{\partial s} + gvA\frac{\mathrm{d}z}{\mathrm{d}s} = vAF$$

über, und somit folgt für die korrigierte Bewegungsgleichung

$$\gamma_k\frac{\partial v}{\partial t} + \beta_k v\frac{\partial v}{\partial s} + \frac{1}{\rho}\frac{\partial p}{\partial s} + g\frac{\mathrm{d}z}{\mathrm{d}s} = F\,. \tag{4.92}$$

Sind A, γ_k und β_k unabhängig von s und t, was für eine stationäre Strömung in einer Stromröhre mit konstantem Querschnitt zutrifft, dann ist die obige Bedingung in trivialer Weise erfüllt. γ_k und β_k hängen in jedem Fall von der Gestalt des Geschwindigkeitsprofils und damit von der Re-Zahl ab. Ihre Abhängigkeit von Re ist nachfolgender Tabelle zu entnehmen.

Re	< 2300	$4 \cdot 10^3$	10^4	10^5	10^6	$> 10^6$
β_k	2	1.077	1.066	1.058	1.04	1
γ_k	4/3	1.027	1.027	1.02	1.014	1

Ist das Geschwindigkeitsprofil stationär, dann sind bei laminarer Strömung $\beta_k = 2$ und $\gamma_k = \frac{4}{3}$. Ist $Re >> Re_{krit}$ $(Re > 10^6)$, liegt also turbulente Strömung vor, so sind $\gamma_k \approx 1$ und $\beta_k \approx 1$. Die korrigierte Bernoulli-Gleichung der hydrodynamischen Strömung ist dann

$$\begin{aligned}
p_1 + \frac{\rho}{2}v_1^2\beta_{k1} + g\rho z_1 = {}& p_2 + \frac{\rho}{2}v_2^2\beta_{k2} + g\rho z_2 + \rho\gamma_k\int_{\xi=s}^{s+\Delta s}\frac{\partial v}{\partial t}\mathrm{d}\xi \\
& + \rho\int_{\xi=s}^{s+\Delta s}\frac{\lambda_{in}}{2d}v|v|\mathrm{d}\xi\,.
\end{aligned} \tag{4.93}$$

Eine weitere Möglichkeit der Korrektur der Bewegungsgleichung besteht darin, den Impuls einer Strömung mit Geschwindigkeitsprofil durch die über dem

Querschnitt gemittelte Geschwindigkeit v zu beschreiben. In diesem Fall ist Gl.(4.84) über A zu integrieren. Die auf diese Weise korrigierte Bewegungsgleichung ist

$$\frac{\partial v}{\partial t} + \gamma_k v \frac{\partial v}{\partial s} + \frac{1}{\rho}\frac{\partial p}{\partial s} + g\frac{\mathrm{d}z}{\mathrm{d}s} = F\,. \tag{4.94}$$

Sie unterscheidet sich von Gl.(4.92). Wie hier nicht näher ausgeführt werden soll, lautet der korrigierte Impulssatz

$$\overset{\bullet}{m}_2\,\vec{v}_2\gamma_{k2} - \overset{\bullet}{m}_1\,\vec{v}_1\gamma_{k1} + \int_{\xi=s}^{s+\Delta s} \frac{\partial}{\partial t}(\rho\vec{v}A)\mathrm{d}\xi + p_1\vec{A}_1 + p_2\vec{A}_2 + \vec{F}_R$$
$$- \vec{F}_F - \vec{F}_M = 0\,. \tag{4.95}$$

In der differentiellen Form läßt er sich mit der Kontinuitätsgleichung näherungsweise in Gl.(4.94) überführen.

Die quasi rechteckige Form des stationären turbulenten Geschwindigkeitsprofils ist der Grund dafür, daß man die Ungleichförmigkeitsfaktoren für Impuls und Energie gewöhnlich nicht berücksichtigt, bzw. $\gamma_k = \beta_k = 1$ setzt. Bei instationären Strömungen ändert sich die Geschwindigkeitsverteilung nicht nur mit s und t, sondern auch mit r. Auch hier verzichtet man auf die Korrektur des Impuls- und des Energiesatzes. Wir wollen uns stets daran erinnern, daß man damit eine Ungenauigkeit zuläßt, die bei einem stationären Profil leicht, bei einem instationären Profil schwer abschätzbar ist.

4.4.2 Anwendungen des Impulssatzes

In durchströmten Rohrleitungen mit Querschnittsänderungen (Übergangsdiffusoren) oder Richtungsänderungen (Krümmern) entstehen infolge der Impulsänderung örtlich Kräfte, die bei großen Leitungsabmessungen beträchtlich sein können. Diese Kräfte sollten am Ort ihrer Entstehung durch Halterungen oder Fundamente abgefangen werden, damit sie sich nicht auf die Leitung übertragen. Im folgenden Beispiel wollen wir die Kraft $\vec{F}_H$ berechnen, die an einem durchströmten Übergangsdiffusor entsteht. Ein Übergangsdiffusor ist ein in Strömungsrichtung sich erweiterndes Leitungselement. Mit dem Diffusor verringert man die Geschwindigkeit der Strömung und steigert den Druck. Damit diese Energieumwandlung möglichst verlustarm erfolgt, darf sich die Strömung im Diffusor nicht ablösen, und es dürfen sich keine Wirbelgebiete (Rezirkulationsgebiete) bilden. Der zulässige Erweiterungswinkel des Diffusors ist von der Re-Zahl abhängig. Er beträgt bei einem Kreisdiffusor weniger als 8° .

Beispiel 12:
Es ist die Haltekraft $\vec{F}_H$ zu berechnen, die einen stationär durchströmten Übergangsdiffusor in seiner Ausgangsposition hält. Der Diffusor wird von Wasser durchströmt. Die Strömung sei reibungsfrei und stationär. p_u ist der Umgebungsdruck.

Gegeben sind:

$$
\begin{aligned}
v_1 &= 10\,\mathrm{m/s} \quad \text{(Diffusoreintritt)}, \\
p_1 &= 2 \cdot 10^5\,\mathrm{Pa} \quad \text{(Absolutdruck)}, \\
A_1 &= 1\,\mathrm{m}^2, \quad A_2 = 2\,\mathrm{m}^2, \\
\rho &= 10^3\,\mathrm{kg/m}^3, \quad m = 10^4\,\mathrm{kg}, \\
p_u &= 10^5\,\mathrm{Pa}.
\end{aligned}
$$

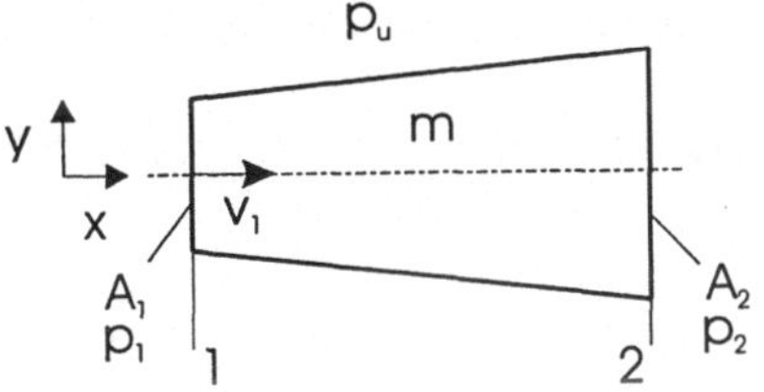

Bild 41 Übergangsdiffusor

Im Übergangsdiffusor, Bild 41, befindet sich die Wassermasse m.
Wir suchen v_2, p_2, $\overset{\bullet}{m}$, die Kraft der Strömung auf den Diffusormantel $\vec{F}_M$ und die Haltekraft $\vec{F}_H$ des Diffusors!
Lösung: Mit Hilfe der Kontinuitätsgl.(4.8) und der Bernoulli-Gl.(4.28) mit $\Delta p_{v12} = 0$ erhalten wir:

$$
v_2 = v_1 \frac{A_1}{A_2} = 5\,\mathrm{m/s},
$$

$$
p_2 = p_1 + \frac{\rho}{2} v_1^2 \left[1 - \left(\frac{A_1}{A_2} \right)^2 \right] = 2.375 \cdot 10^5\,\mathrm{Pa} \quad \text{(Absolutdruck)},
$$

$$
\overset{\bullet}{m} = \rho\, v_1\, A_1 = 10^4\,\mathrm{kg/s}.
$$

Das Impulsgebiet legen wir zunächst, wie im Bild 42 gezeichnet, innerhalb des Übergangsdiffusors. Die Berandung des Impulsgebietes schneidet nicht den Stahlmantel des Diffusors. Wir erhalten unmittelbar nur eine Auskunft über die Mantelkraft $\vec{F}_M$ und nicht über die Größe der Haltekraft $\vec{F}_H$. In den Querschnitten 1 und 2 wirken die Kräfte

$$
F_1 = \overset{\bullet}{m}\, v_1 + p_1 A_1 \quad \text{und} \quad F_2 = \overset{\bullet}{m}\, v_2 + p_2 A_2. \tag{4.96}
$$

Die x-Komponente der Mantelkraft F_{Mx} bestimmen wir aus dem Kräftegleichgewicht am Impulsgebiet, Bild 42,

$$
\overset{\bullet}{m}\, v_1 + p_1 A_1 + F_{Mx} = \overset{\bullet}{m}\, v_2 + p_2 A_2
$$

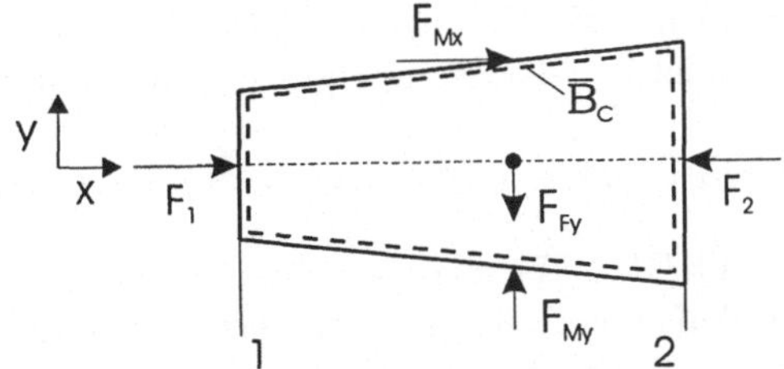

Bild 42 Impulsgebiet $\overline{B}_C$ mit Kräften

bzw. nach Gl.(4.78) unter der Voraussetzung einer stationären Strömung mit $\vec{F}_R = 0$ und $F_{Fx} = 0$. Es ist

$$F_{Mx} = \overset{\bullet}{m}\,(v_2 - v_1) + p_2 A_2 - p_1 A_1 = 225000\,\text{N}.$$

Die y-Komponente der Mantelkraft $F_{My} = F_{Fy} = m\,g = 98100\,\text{N}$ ist gleich der Schwerkraft der Wassermasse m. Die resultierende Mantelkraft ist demzufolge

$$|\vec{F}_M| = F_M = \sqrt{F_{Mx}^2 + F_{My}^2} = 245456.0\,\text{N}\,.$$

Die Kraft, mit der der Diffusor gehalten wer-
den muß, hängt von $\vec{F}_M$ ab und von der
Kraft, die der Umgebungsdruck p_u auf den
Übergangsdiffusor ausübt. Nach Bild 43 ist
$F_{Hy} = F_{My} = 98100$ N,

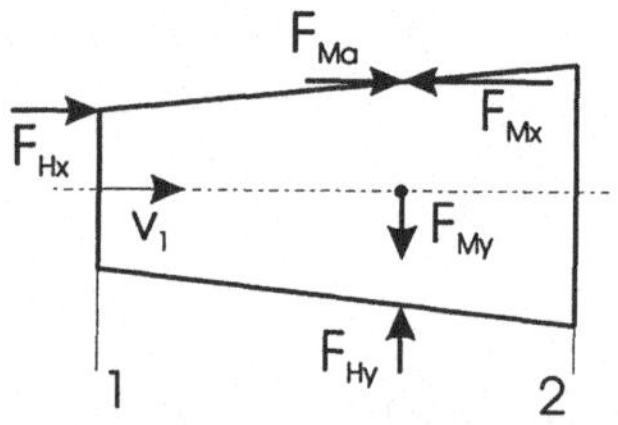

Bild 43 Bestimmung der Haltekraft

$$F_{Hx} = F_{Mx} - F_{Ma} = F_{Mx} - (A_2 - A_1)p_u = 125000\,\text{N} \tag{4.97}$$

und schließlich $|\vec{F}_H| = F_H = \sqrt{F_{Hx}^2 + F_{Hy}^2} = 158898.0$ N. Wie sich F_{Hx} auf die Ränder 1 und 2 des Übergangsdiffusors verteilt, ist unbestimmt. Im Bild 43 haben wir F_{Hx} am linken Rand wirkend angetragen. Legen wir das Impulsgebiet um den

Übergangsdiffusor, wie im Bild 44 gezeichnet, so wird der Stahlmantel des Diffusors in
den Flanschquerschnitten 1 und 2 geschnit-
ten. Als Schnittreaktionen in x-Richtung
tritt die Haltekraft F_{Hx} in Erscheinung, die
wir am Rand 1 antragen. An der Ober-
fläche des zylindrischen Impulsgebietes $\overline{B}_C$
herrscht mit Ausnahme der Querschnitte

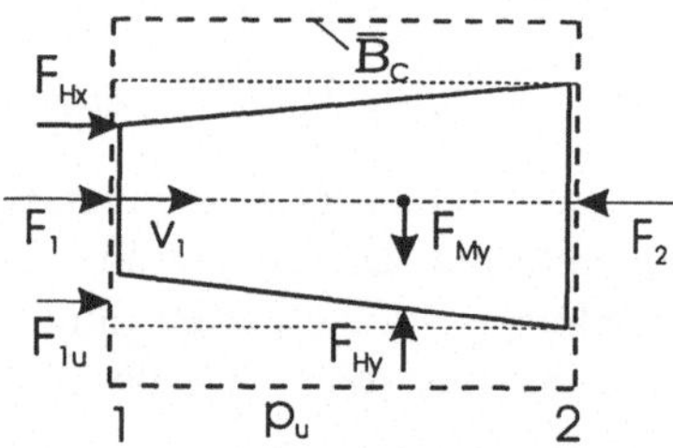

Bild 44 Bestimmung der Haltekraft

A_1 und A_2 der Umgebungsdruck. In den Querschnitten 1 und 2 wirken die Kräfte F_1 und F_2 gemäß Gl.(4.96). Der Umgebungsdruck p_u verursacht am Impulsgebiet in x-Richtung die Resultierende $F_{1u} = p_u(A_2 - A_1)$. Das Kräftegleichgewicht am Impulsgebiet in x-Richtung ergibt mit den Gln.(4.96) die Beziehung

$$F_{Hx} = F_2 - F_1 - p_u(A_2 - A_1) = \overset{\bullet}{m}\,(v_2 - v_1) + (p_2 - p_u)A_2 - (p_1 - p_u)A_1\,. \tag{4.98}$$

Sie ist mit Gl.(4.97) identisch. Entsprechend ist $F_{Hy} = F_{My}$. Oft läßt sich bei derartigen Aufgabenstellungen der Lösungsansatz vereinfachen, wenn man auf den Relativdruck übergeht. Dann nämlich sind in den Gln.(4.96) statt der Absolutdrücke die Relativdrücke $p_1 - p_u$ und $p_2 - p_u$ einzuführen. Der relative Umgebungsdruck ist Null, und das Kräftegleichgewicht in x-Richtung besteht nur aus der zu Gl.(4.98) identischen Beziehung

$$F_{Hx} + \overset{\bullet}{m}\, v_1 + (p_1 - p_u)A_1 = \overset{\bullet}{m}\, v_2 + (p_2 - p_u)A_2 \, . \quad \blacksquare \qquad (4.99)$$

Beispiel 13:
Zwei kreisrunde Wasserstrahlen mit den Massenströmen $\overset{\bullet}{m}_1 = 2$ kg/s und $\overset{\bullet}{m}_2 = 1$ kg/s treffen mit den Geschwindigkeiten $v_1 = 1\,\text{m/s}$ und $v_2 = 1\,\text{m/s}$

senkrecht aufeinander, Bild 45. Es bildet sich ein resultierender Wasserstrahl mit dem Querschnitt A_3 und der Geschwindigkeit v_3, der unter dem Winkel α aus der Senkrechten infolge Impulsänderung abgelenkt wird. Die Schwerkraft werde vernachlässigt. Bestimmen Sie $\alpha, \overset{\bullet}{m}_3, v_3$ und A_3! Die Dichte des Wassers beträgt $\rho = 10^3\,\text{kg/m}^3$.

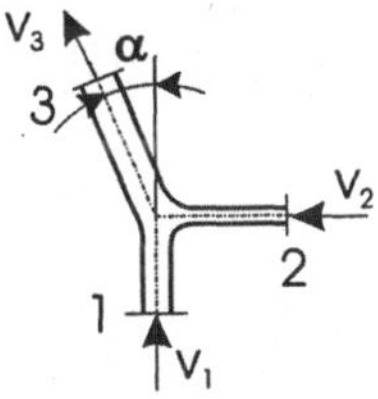

Bild 45 Strahlablenkung

Lösung: Wir legen das Impulsgebiet fest und tragen die wirkenden Kräfte an. Der Vorgang ist stationär. Der Druck an der Oberfläche des Impulsgebietes ist konstant p_u. Die Kontinuitätsgleichung $\overset{\bullet}{m}_3 = \overset{\bullet}{m}_1 + \overset{\bullet}{m}_2 = 3\,\text{kg/s}$ und die beiden Komponenten der Impulsgleichung

$$\overset{\bullet}{m}_3\, v_3 \sin\alpha = \overset{\bullet}{m}_2\, v_2 \quad \text{und} \quad \overset{\bullet}{m}_3\, v_3 \cos\alpha = \overset{\bullet}{m}_1\, v_1$$

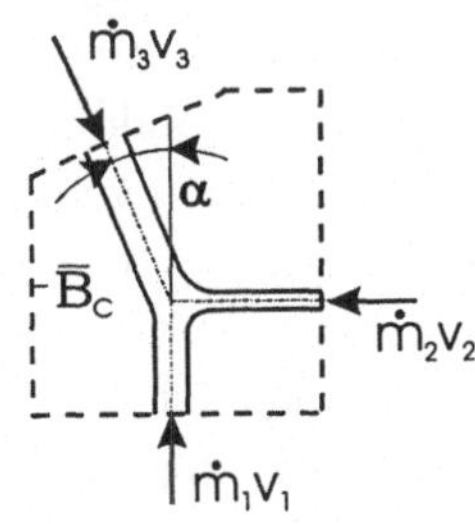

Bild 46 Impulsgebiet

erlauben die Berechnung sämtlicher Unbekannten. Aus den beiden Impulsgleichungen folgt
$\tan\alpha = \overset{\bullet}{m}_2\, v_2 / (\overset{\bullet}{m}_1\, v_1) = 0.5$. Der Ablenkungswinkel beträgt $\alpha = 26.56^o$. Die Geschwindigkeit v_3 und der Strahlquerschnitt A_3 ergeben sich aus:

$$v_3 = \frac{\overset{\bullet}{m}_2\, v_2}{\overset{\bullet}{m}_3\, \sin\alpha} = 0.745\,\text{m/s} \quad \text{und} \quad A_3 = \frac{\overset{\bullet}{m}_3}{\rho\, v_3} = 4.027 \cdot 10^{-3}\,\text{m}^2 \, . \quad \blacksquare$$

4.4.3 Der Impulssatz der dreidimensionalen Strömung

Auf den fluiden Bereich $\overline{\mathcal{B}}_f$, Bild 37, innerhalb des Inertialsystems $\overline{\mathcal{B}}$ wenden wir gemäß der Lagrangeschen Darstellung das Newtonsche Grundgesetz

$$\frac{\mathrm{d}\vec{B}(t)}{\mathrm{d}t} = \frac{\mathrm{d}}{\mathrm{d}t}\int_{\overline{B}_f} \vec{v}\,\mathrm{d}m = \int_{\overline{B}_f} \frac{\mathrm{d}\vec{v}}{\mathrm{d}t}\mathrm{d}m = \int_{\overline{B}_f} \vec{b}\,\mathrm{d}m = \vec{R}_O + \vec{R}_F \qquad (4.100)$$

an. Mit dem Reynoldschen Transporttheorem[7] [BB75] läßt sich die zeitliche Änderung der Bewegungsgröße des in $\overline{B}_f$ enthaltenen Fluides in die Eulersche Beschreibung an einem ortsfesten Kontrollvolumen $\overline{B}_C$

$$\frac{\mathrm{d}}{\mathrm{d}t}\int_{\overline{B}_f} \vec{v}\,\rho\,\mathrm{d}V = \int_{\overline{B}_C} \frac{\partial}{\partial t}(\rho\vec{v})\mathrm{d}V + \int_{\overline{O}_C} \vec{v}\,\rho\,\vec{v}\cdot\mathrm{d}\vec{o} = \vec{R}_O + \vec{R}_F$$

$$= -\int_{\overline{O}_C} p\,\mathrm{d}\vec{o} + \int_{\overline{O}_C} \mathrm{d}\vec{o}\cdot\mathcal{T} + \int_{\overline{B}_C} \vec{g}\,\rho\,\mathrm{d}V \qquad (4.101)$$

überführen. Gl.(4.101) kann man anschaulich an Hand des Bildes 37 erklären. Die zeitliche Änderung der Bewegungsgröße $\vec{B}$ des fluiden Bereiches $\overline{B}_f$ innerhalb des Inertialsystems $\overline{B}$ ist gleich der zeitlichen (lokalen) Änderung der Bewegungsgröße in dem ortsfesten Kontrollvolumen $\overline{B}_C$ plus dem resultierenden Fluß der Bewegungsgröße über die Oberfläche $\overline{O}_C$. Die rechte Seite der Gl.(4.101) wird durch die Oberflächenkräfte $-\int p\,\mathrm{d}\vec{o} + \int \mathrm{d}\vec{o}\cdot\mathcal{T}$ und die Schwerkraft $\int \vec{g}\rho\mathrm{d}V$ gebildet. Der Schubspannungstensor $\mathcal{T}$ berücksichtigt die Reibung. Ist die Strömung reibungsfrei, so verschwindet er.

Die Gl.(4.101) gilt auch in jedem Relativsystem $B \neq \overline{B}$, das sich geradlinig mit konstanter Geschwindigkeit $\vec{v}_F$ gegenüber dem Absolutsystem $\overline{B}$ bewegt. Dann nämlich ist das Relativsystem auch ein Inertialsystem. Allerdings muß nun in Gl.(4.101) die Absolutgeschwindigkeit $\vec{v}$ durch die Relativgeschwindigkeit $\vec{w}$ ersetzt werden. Die Geschwindigkeit $\vec{w}$ mißt der mit dem Relativsystem B fest verbundene Beobachter. Unter diesen Voraussetzungen lautet der Impulssatz im Relativsystem B am Kontrollvolumen B_C

$$\int_{B_C} \frac{\partial}{\partial t}(\rho\vec{w})\mathrm{d}V + \int_{O_C} \vec{w}\,\rho\,\vec{w}\cdot\mathrm{d}\vec{o} = \vec{R}_O + \vec{R}_F. \qquad (4.102)$$

Nicht alle Relativsysteme sind aber Inertialsysteme. Bewegt sich z.B. das Relativsystem B beschleunigt gegenüber dem Absolutsystem $\overline{B}$, so ist B kein

---

[7]Auf die mathematische Herleitung des Reynoldschen Transporttheorems verzichten wir hier.

Inertialsystem, und Gl.(4.102) ist dann in dieser Form nicht gültig. Der allgemeinste Fall liegt vor, wenn der Ursprung O des Bezugssystems $\mathcal{B}$ beschleunigt bewegt wird und das Relativsystem sich dabei beschleunigt um die Achse A mit der Winkelgeschwindigkeit $\vec{\omega}(t)$ dreht, Bild 47. Das Fluid in $\overline{\mathcal{B}}_f$ erfährt dann aus der Sicht des Absolutsystems $\overline{\mathcal{B}}$ die Beschleunigung

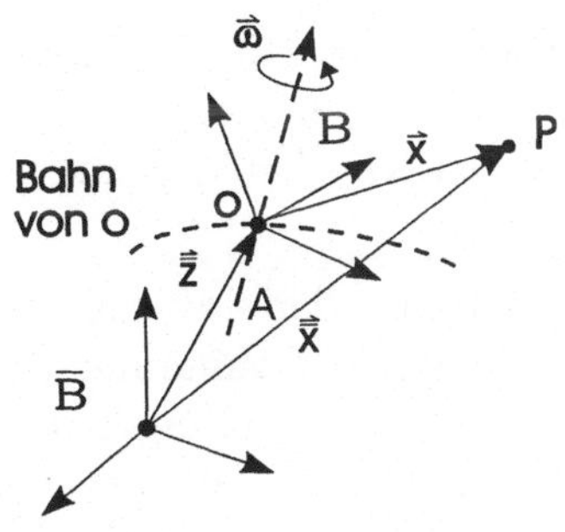

Bild 47 Intertialsystem $\overline{\mathcal{B}}_f$ mit beschleunigt bewegtem Relativsystem $\mathcal{B}$

$$\vec{b} = \frac{d\vec{v}_F}{dt}\bigg|_{\overline{\mathcal{B}}} + \frac{d\vec{w}}{dt} + 2\vec{\omega} \times \vec{w} + \vec{\omega} \times (\vec{\omega} \times \vec{x}) + \frac{d\vec{\omega}}{dt} \times \vec{x}. \tag{4.103}$$

Die einzelnen Terme in Gl.(4.103) haben folgende Bedeutung:

$\dfrac{d\vec{v}_F}{dt}\bigg|_{\overline{\mathcal{B}}}$ ist die Führungsbeschleunigung des Koordinatenursprunges von $\mathcal{B}$.

$\dfrac{d\vec{w}}{dt}$ ist die Beschleunigung eines Fluidelementes im Relativsystem $\mathcal{B}$.

$2\vec{\omega} \times \vec{w} = 2\vec{\omega} \times \dfrac{d\vec{x}}{dt}$ ist die Coriolisbeschleunigung.

$\vec{\omega} \times (\vec{\omega} \times \vec{x})$ ist die Zentripetalbeschleunigung.

$\dfrac{d\vec{\omega}}{dt} \times \vec{x}$ ist die Drehbeschleunigung.

Substituieren wir in Gl.(4.100) die Beschleunigung $\vec{b}$ nach Gl.(4.103), so folgt

$$\int\limits_{\overline{\mathcal{B}}_f} \frac{d\vec{w}}{dt}\, dm = \frac{d}{dt}\int\limits_{\overline{\mathcal{B}}_f} \vec{w}\, \rho\, dV = \vec{R}_O + \vec{R}_F - \int\limits_{\overline{\mathcal{B}}_f} \left[\frac{d\vec{v}_F}{dt} + 2\vec{\omega} \times \vec{w}\right.$$
$$\left. + \vec{\omega} \times (\vec{\omega} \times \vec{x}) + \frac{d\vec{\omega}}{dt} \times \vec{x}\right]\rho\, dV. \tag{4.104}$$

Mit dem Reynoldschen Transporttheorem erhalten wir für die Kräftebilanz am ortsfesten Kontrollvolumen $\mathcal{B}_C$ mit der Oberfläche $\mathcal{O}_C$ des Relativsystems $\mathcal{B}$

$$\int\limits_{\mathcal{B}_C} \frac{\partial}{\partial t}(\rho\vec{w})dV + \int\limits_{\mathcal{O}_C} \vec{w}\, \rho\, \vec{w} \cdot d\vec{o} = -\int\limits_{\mathcal{O}_C} p\, d\vec{o} + \int\limits_{\mathcal{O}_C} d\vec{o} \cdot \mathcal{T} + \int\limits_{\mathcal{B}_C} \vec{g}\, \rho\, dV$$
$$- \int\limits_{\mathcal{B}_C} \left[\frac{d\vec{v}_F}{dt}\bigg|_{\overline{\mathcal{B}}} + 2\vec{\omega} \times \vec{w} + \vec{\omega} \times (\vec{\omega} \times \vec{x}) + \frac{d\vec{\omega}}{dt} \times \vec{x}\right]\rho\, dV \tag{4.105}$$

den Impulssatz im Relativsystem. Gl.(4.105) ist die allgemeinste Form des Impulssatzes. Dreht sich das Relativsystem nicht und bewegt es sich nur auf einer geradlinigen Bahn beschleunigt wie z.B. eine senkrecht aufsteigende Rakete beim Start, so enthält der Integrand des letzten Integrals auf der rechten Seite der Gl.(4.105) nur die Führungsbeschleunigung $\mathrm{d}\vec{v}_F/\mathrm{d}t$. Verschwindet auch diese, so geht Gl.(4.105) in die Gl.(4.102) über.

Beispiel 14:
Eine Rakete mit der Anfangsmasse $M_0 = 400$ kg wird vertikal gestartet, Bild 48. Nach der Zündung des Triebwerkes verlassen die auf den Umgebungsdruck p_u entspannten Treibgase mit der Geschwindigkeit $w_A = 3500$ m/s = const die Schubdüse. Der aus der Schubdüse austretende Massenstrom $\overset{\bullet}{m}_A = 5$ kg/s ist zeitunabhängig. Es soll die Anfangsbeschleunigung der Rakete bestimmt werden und ihre Geschwindigkeit 10 Sekunden nach dem Start. Der Luftwiderstand ist zu vernachlässigen.

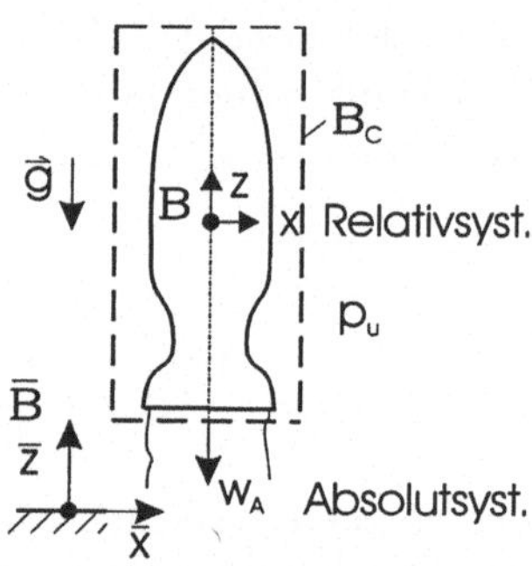

Bild 48 Startende Rakete

Lösung: Um die Rakete herum ordnen wir das Kontrollvolumen $\mathcal{B}_C$ an. Es ist bezüglich des relativen Koordinatensystems x, z der Rakete ortsfest. Da sich die Rakete nach dem Start beschleunigt in $\bar{z}$-Richtung bewegt, trifft das auch für den Koordinatenursprung des Relativsystems und damit für das Kontrollvolumen zu. Der aus dem Triebwerk austretende Gasstrahl fließt stationär. Das Relativsystem $\mathcal{B}$ bewegt sich gegenüber dem Absolutsystem $\bar{\mathcal{B}}$ geradlinig beschleunigt in $\bar{z}$-Richtung. Die Führungsbeschleunigung $b_F = \mathrm{d}v_F/\mathrm{d}t$ ergibt sich aus dem Impulssatz (4.105), deren z-Komponente sich unter den hier getroffenen Voraussetzungen auf

$$\int\limits_{\mathcal{B}_C} \frac{\partial}{\partial t}(\rho\vec{w})\big|_z \mathrm{d}V + \int\limits_{\mathcal{O}_C} \vec{w}\,\rho_A\,\vec{w}\cdot \mathrm{d}\vec{o}\big|_z = -\int\limits_{\mathcal{O}_C} p_u\, \mathrm{d}\vec{o}\big|_z + \int\limits_{\mathcal{B}_C} \left(\vec{g}\,\rho\big|_z - b_F\,\rho\right)\,\mathrm{d}V \quad (4.106)$$

reduziert. Wir bestimmen von links nach rechts die einzelnen Terme dieser Gleichung. $\int\limits_{\mathcal{B}_C} \frac{\partial}{\partial t}(\rho\vec{w})\big|_z \mathrm{d}V$ ist die zeitliche Änderung der Bewegungsgröße des Fluides im Relativsystem $\mathcal{B}$. Der unverbrannte Treibstoff in der Rakete besitzt keine Bewegungsgröße relativ zu $\mathcal{B}_C$. Die Geschwindigkeit w_A, mit der der Treibstrahl aus der Düse austritt, ist konstant. Folglich ist $\int\limits_{\mathcal{B}_C} \frac{\partial}{\partial t}(\rho\vec{w})\big|_z \mathrm{d}V \approx 0$.

Mit $\vec{w} = -w_A\vec{e}_z$ ergibt das Oberflächenintegral des Flusses der Bewegungsgröße

$$\int\limits_{\mathcal{O}_C} \vec{w}\,\rho_A\,\vec{w}\cdot \mathrm{d}\vec{o}\big|_z = -\int\limits_{\mathcal{O}_C} w_A\,\rho_A\,w_A \mathrm{d}A = -\,\overset{\bullet}{m}_A\,w_A\,. \quad (4.107)$$

Da der Druck um das Kontrollvolumen $\mathcal{B}_C$ konstant gleich p_u ist, verschwindet das Integral $\int\limits_{\mathcal{O}_C} p_u \mathrm{d}\vec{o} = 0$.

Mit $\vec{g} = -g\,\vec{e}_z$ und der Masse der Rakete zum Zeitpunkt $t > 0$, $M = M_0 - \dot{m}_A\, t$ wird

$$\int_{\mathcal{B}_C} \vec{g}\,\rho\big|_z \, \mathrm{d}V = -g\left(M_0 - \dot{m}_A\, t\right). \tag{4.108}$$

Schließlich ist

$$\int_{\mathcal{B}_C} b_F\,\rho\,\mathrm{d}V = b_F\, M = b_F\left(M_0 - \dot{m}_A\, t\right). \tag{4.109}$$

Ersetzen wir die einzelnen Terme in Gl.(4.106), so ergibt sich für die Führungsbeschleunigung des Relativsystems $\mathcal{B}$

$$b_F(t) = \frac{\mathrm{d}v_F}{\mathrm{d}t} = \frac{\dot{m}_A\, w_A}{M_0 - \dot{m}_A\, t} - g. \tag{4.110}$$

Die gleiche Beschleunigung erfährt die Rakete. Zum Startzeitpunkt $t = 0$ ist $b_F(t = 0) = \dot{m}_A\, w_A/M_0 - g = 33.9\,\mathrm{m/s}^2$. Das Integral der Gl.(4.110) ergibt die Geschwindigkeit

$$v_F(t) = \int_{\xi=0}^{t} \frac{\dot{m}_A\, w_A}{M_0 - \dot{m}_A\, \xi}\,\mathrm{d}\xi - g\,t = -w_A \ln\left(1 - \frac{\dot{m}_A\, t}{M_0}\right) - g\,t \tag{4.111}$$

der Rakete. Nach 10 Sekunden besitzt die Rakete die Geschwindigkeit $v_F = 369\,\mathrm{m/s} = 1328.4\,\mathrm{km/h}$. ∎

4.5 Der Energiesatz

Den Energiesatz formulieren wir für die instationäre Strömung einer elastischen (atmenden) Stromröhre. Es gelten dabei die Voraussetzungen 1. bis 4. des Abschnittes 4. Alle orts- und zeitabhängigen Funktionen seien im betreffenden Intervall beschränkt und abschnittsweise stetig differenzierbar. Dem Fluid im Stromröhrenabschnitt Δs, auch Bilanzgebiet genannt, wird der Wärmestrom $\dot{q}$ in der Maßeinheit $\frac{Nm}{sm^2}$ (Energie pro Zeit und Oberfläche) über die Manteloberfläche des Stromröhrenabschnittes und die tech-

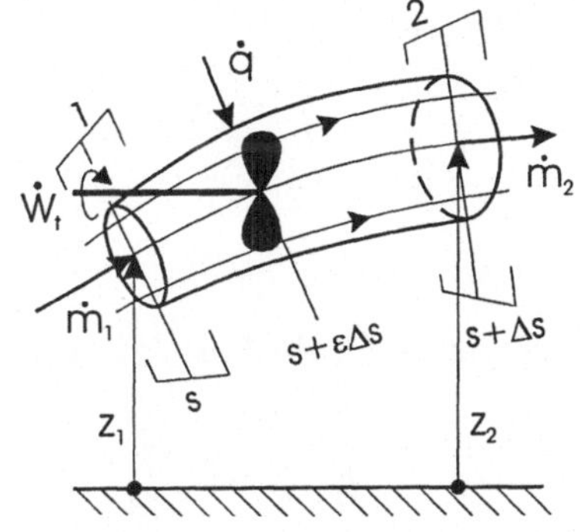

Bild 49 Offenes System

nische Leistung $\dot{W}_t$ zugeführt, Bild 49. Über den Ein- und Austrittsquerschnitt fließt kein Wärmestrom. Innerhalb des Bilanzgebietes befindet sich die Fluidmasse m. Als einzige Feldkraft berücksichtigen wir die Schwerkraft. Sie besitzt ein Potential, das nur vom Ort und nicht von der Zeit abhängt. Die Energie des Fluides im Bilanzraum besteht aus der inneren und der kinetischen Energie. Die spezifische innere Energie bezeichnen wir in der Strömungslehre mit e im Gegensatz zur Thermodynamik, wo dafür u verwendet wird. Auf Grund der Eigenschaft des Schwerkraftpotentials läßt sich der Arbeit der Schwerkraft die potentielle Energie des Fluides zuordnen. Mit der inneren, der kinetischen und der potentiellen Energie bilden wir die Gesamtenergie[8] E_{ges} des Fluides. Infolge des Geschwindigkeitsprofils in der Stromröhre ergibt sich mit dem Ungleichförmigkeitsfaktor für Impuls die Gesamtenergie im Bilanzraum zu:

$$
\begin{aligned}
E_{ges} &= \int_{\xi=s}^{s+\Delta s} (e + gz)\rho A \, \mathrm{d}\xi + \int_{\xi=s}^{s+\Delta s} \frac{\rho}{2} \int_A v^2(r,\cdot) \, \mathrm{d}A\Big|_\xi \, \mathrm{d}\xi \\
&= \int_{\xi=s}^{s+\Delta s} (e + \frac{\rho}{2}v^2\gamma_k + gz)\rho A \, \mathrm{d}\xi .
\end{aligned}
\tag{4.112}
$$

Über den Ein- und Austrittsquerschnitt des Bilanzgebietes fließen die Massenströme $\dot{m}_1$ und $\dot{m}_2$ und mit ihnen stoffstromgebundene Energieströme. Wir betrachten diese stoffstromgebundenen Energien am Eintrittsquerschnitt s. Im einzelnen handelt es sich um die während des Zeitintervalls Δt einfließende **innere Energie**:

$$
\int_{\xi=t}^{t+\Delta t} e\rho \int_A v(r,\cdot)\,\mathrm{d}A\Big|_{s,\xi}\mathrm{d}\xi = \int_{\xi=t}^{t+\Delta t} e\rho\, vA\Big|_{s,\xi}\mathrm{d}\xi = \rho\, vAe\Big|_{s,t+\varepsilon_E\Delta t}\Delta t . \tag{4.113}
$$

In dieser Gleichung haben wir die über dem Querschnitt gemittelte Geschwindigkeit $v_m \equiv v$ nach Gl.(4.2) eingeführt ($0 < \varepsilon_E < 1$).

Für die **kinetische Energie** gilt mit Gl.(4.90) für den Ungleichförmigkeitsfaktor für Energie:

$$
\begin{aligned}
\int_{\xi=t}^{t+\Delta t} \rho \int_A \frac{v^2(r,\cdot)}{2} v(r,\cdot)\,\mathrm{d}A\,\mathrm{d}\xi &= \frac{1}{2}\int_{\xi=t}^{t+\Delta t} \rho v^3 A\beta_k\Big|_{s,\xi}\mathrm{d}\xi \\
&= \rho v A \frac{v^2}{2}\beta_k\Big|_{s,t+\varepsilon_E\Delta t}\Delta t .
\end{aligned}
\tag{4.114}
$$

Für die **potentielle Energie** erhalten wir:

$$
\int_{\xi=t}^{t+\Delta t} g\rho z \int_A v(r,\cdot)\,\mathrm{d}A\Big|_{s,\xi}\mathrm{d}\xi = \rho v A g z\Big|_{s,t+\varepsilon_E\Delta t}\Delta t . \tag{4.115}
$$

---

[8]Den Beweis für die Richtigkeit dieser Vorgehensweise treten wir hier nicht an.

Diese drei Energieanteile führt der eintretende Masenstrom mit sich. Analoge Gleichungen gelten im Austrittsquerschnitt.

Die Arbeit der Oberflächenkräfte besteht aus Verschiebearbeit. Die im Eintrittsquerschnitt zu leistende **Verschiebearbeit** während des Zeitintervalls Δt ist

$$\int_{\xi=t}^{t+\Delta t} \rho \int_A v(r,\cdot)\, \mathrm{d}A \left.\frac{p}{\rho}\right|_{s,\xi} \mathrm{d}\xi = \int_{\xi=t}^{t+\Delta t} \rho v A \left.\frac{p}{\rho}\right|_{s,\xi} \mathrm{d}\xi$$
$$= \rho v A \left.\frac{p}{\rho}\right|_{s,t+\varepsilon_E \Delta t} \Delta t \,. \tag{4.116}$$

Eine entsprechende Gleichung gilt im Austrittsquerschnitt $s + \Delta s$. Bringt eine instationäre Strömung die Stromröhre zum Atmen, dann verrichtet das Fluid am elastischen Stromröhrenmantel während des Zeitintervalls Δt die Verschiebearbeit

$$\int_{\xi=t}^{t+\Delta t} \int_{x=s}^{s+\Delta s} (p-p_u)\frac{\partial A}{\partial t}\mathrm{d}x\, \mathrm{d}\xi = (p-p_u)\left.\frac{\partial A}{\partial t}\right|_{s+\varepsilon\Delta s,\, t+\varepsilon_E \Delta t} \Delta s\, \Delta t \,. \tag{4.117}$$

Diese Energie speichert der Stromröhrenmantel zum Teil als elastische Arbeit, zum Teil wird diese Arbeit gegen den Umgebungsdruck p_u geleistet. Bei starrer Stromröhre ist $\partial A/\partial t = 0$, und obiger Arbeitsanteil verschwindet. Das gleiche gilt, wenn $p - p_u = 0$ ist. Oft darf der Umgebungsdruck p_u gegenüber p vernachlässigt werden. Die Arbeit der Schubspannungskräfte ist am Mantel des Bilanzgebietes wegen der Haftbedingung Null und über dem Ein- und Austrittsquerschnitt vernachlässigbar.

Über dem Stromröhrenmantel fließt dem Fluid die Wärmeenergie

$$\int_{\xi=t}^{t+\Delta t} \int_{x=s}^{s+\Delta s} \dot{q}\, d\pi\, \mathrm{d}x\, \mathrm{d}\xi = \dot{q}\, \pi d\big|_{s+\varepsilon\Delta s,\, t+\varepsilon_E \Delta t} \Delta s\, \Delta t = \dot{Q}_{12}\big|_{t+\varepsilon_E \Delta t}\Delta t \tag{4.118}$$

zu. Die von der Fluidmaschine im Zeitintervall Δt dem Fluid zugeführte technische Arbeit ist

$$\int_{\xi=t}^{t+\Delta t} \dot{W}_t\, \mathrm{d}\xi = \dot{W}_t\big|_{t+\varepsilon_E \Delta t}\Delta t \,. \tag{4.119}$$

Der Leistungseintrag $\dot{W}_t$ der Maschine erfolgt im Querschnitt $s + \varepsilon\Delta s$ unstetig. Der Energiesatz besagt:

Die Änderung der Energie ΔE_{ges} des Bilanzgebietes ist gleich der Differenz der stoffstromgebundenen ein- und austretenden Energien plus der Arbeit der Oberflächenkräfte plus der übertragenen Wärme plus der technischen Arbeit, d.h.

$$
\int_{\xi=s}^{s+\Delta s} \left[\rho A\big(e + \frac{v^2}{2}\gamma_k + gz\big)\Big|_{\xi,t+\Delta t} - \rho A\big(e + \frac{v^2}{2}\gamma_k + gz\big)\Big|_{\xi,t} \right] \mathrm{d}\xi
$$

$$
= \overset{\bullet}{m}_1 \left(e + \frac{p}{\rho} + \frac{v^2}{2}\beta_{k1} + gz\right)\Big|_{s,t+\varepsilon_E\Delta t} \Delta t
$$

$$
- \overset{\bullet}{m}_2 \left(e + \frac{p}{\rho} + \frac{v^2}{2}\beta_{k2} + gz\right)\Big|_{s+\Delta s,t+\varepsilon_E\Delta t} \Delta t
$$

$$
- (p - p_u)\frac{\partial A}{\partial t}\Big|_{s+\varepsilon\Delta s,t+\varepsilon_E\Delta t} \Delta s\,\Delta t + \overset{\bullet}{Q}_{12}\big|_{t+\varepsilon_E\Delta t}\Delta t + \overset{\bullet}{W}_t\big|_{t+\varepsilon_E\Delta t}\Delta t. \tag{4.120}
$$

Wir ordnen die Gl.(4.120) um und führen die spezifische Enthalpie $h = e + p/\rho$ ein

$$
\int_{\xi=s}^{s+\Delta s} \left[\rho A\big(e + \frac{v^2}{2}\beta_k + gz\big)\Big|_{\xi,t+\Delta t} - \rho A\big(e + \frac{v^2}{2}\beta_k + gz\big)\Big|_{\xi,t} \right] \mathrm{d}\xi
$$

$$
+ \overset{\bullet}{m}_2 \left(h_2 + \frac{v_2^2}{2}\beta_{k2} + gz_2\right)\Delta t - \overset{\bullet}{m}_1 \left(h_1 + \frac{v_1^2}{2}\beta_{k1} + gz_1\right)\Delta t \tag{4.121}
$$

$$
+ (p - p_u)\frac{\partial A}{\partial t}\Big|_{s+\varepsilon\Delta s,t+\varepsilon_E\Delta t}\Delta s\Delta t = \overset{\bullet}{Q}_{12}\big|_{t+\varepsilon_E\Delta t}\Delta t + \overset{\bullet}{W}_t\big|_{t+\varepsilon_E\Delta t}\Delta t.
$$

Die Gl.(4.121) wird durch Δt dividiert. Der Grenzübergang $\Delta t \to 0$ ausgeführt, ergibt

$$
\int_{\xi=s}^{s+\Delta s} \frac{\partial}{\partial t}\left[\rho A\big(e + \frac{v^2}{2}\gamma_k + gz\big)\right]\mathrm{d}\xi + \overset{\bullet}{m}_2 \left(h_2 + \frac{v_2^2}{2}\beta_{k2} + gz_2\right)
$$

$$
- \overset{\bullet}{m}_1 \left(h_1 + \frac{v_1^2}{2}\beta_{k1} + gz_1\right) + (p - p_u)\frac{\partial A}{\partial t}\Big|_{s+\varepsilon\Delta s,t}\Delta s = \overset{\bullet}{Q}_{12} + \overset{\bullet}{W}_t \tag{4.122}
$$

den Energiesatz in integraler Form für die Stromröhre. Teilen wir Gl.(4.122) durch Δs und führen den Grenzübergang $\Delta s \to 0$ aus, so erhalten wir die differentielle Form des Energiesatzes

$$
\frac{\partial}{\partial t}\left[\rho A\big(e + \frac{v^2}{2}\gamma_k + gz\big)\right] + \frac{\partial}{\partial s}\left[\rho v A\big(h + \frac{v^2}{2}\beta_k + gz\big)\right]
$$

$$
+ (p - p_u)\frac{\partial A}{\partial t} = \overset{\bullet}{q}\,\pi d\big|_{s,t}. \tag{4.123}
$$

Die in Gl.(4.123) vorkommenden Funktionen müssen bezüglich s, t differenzierbar sein, weshalb der unstetige Leistungseintrag $\overset{\bullet}{W}_t$ nicht enthalten ist. Wird der Energiesatz auf turbulente Strömungen angewandt, so setzt man $\gamma_k = \beta_k = 1$.

Abschließend verweisen wir auf zwei häufige Anwendungsformen des Energiesatzes für den starren Stromröhrenabschnitt ($\partial A/\partial t = 0$) und $\gamma_k = \beta_k = 1$. In diesem Fall ist

$$\dot{Q}_{12} + \dot{W}_t = \frac{\partial E_{ges}}{\partial t} + \dot{m}_2 \left(h_2 + \frac{v_2^2}{2} + gz_2 \right) - \dot{m}_1 \left(h_1 + \frac{v_1^2}{2} + gz_1 \right). \qquad (4.124)$$

Ist die Strömung stationär, so entfällt $\partial E_{ges}/\partial t$ und es ist $\dot{m}_1 = \dot{m}_2 = \dot{m}$. Mit den spezifischen Größen $q_{12} = \dot{Q}_{12} / \dot{m}$ und $w_t = \dot{W}_t / \dot{m}$ lautet der Energiesatz der stationären Strömung

$$w_t + q_{12} = h_2 + \frac{v_2^2}{2} + g z_2 - (h_1 + \frac{v_1^2}{2} + g z_1). \qquad (4.125)$$

Die letzten beiden Gleichungen haben eine große Bedeutung bei praktischen Anwendungen. Sie enthalten nur Größen an der Oberfläche des Bilanzgebietes. Im Inneren des Bilanzgebietes dürfen dissipative Prozesse auftreten.

4.5.1 Gasdynamische Fadenströmung

Im Abschnitt 4.2.3 haben wir die Euler-Gleichung für eine stationäre Strömung mit isentroper Zustandsänderung, $p/\rho^\varkappa = $ const, integriert. Das Resultat ist Gl.(4.31). Der Energiesatz (4.125) ergibt unter der Voraussetzung $w_t = 0$, $q_{12} = 0$ (adiabate Strömung) und $z_1 = z_2$

$$\frac{v_1^2}{2} + h_1 = \frac{v_2^2}{2} + h_2 \qquad (4.126)$$

keine von der Gl.(4.31) unabhängige Gleichung. Das gilt natürlich nur unter der getroffenen Voraussetzung. Diese Besonderheit liegt daran, daß

$$\text{die Euler-Gleichung} \quad v \, \mathrm{d}v + \frac{\mathrm{d}p}{\rho} = 0, \qquad (4.127)$$

$$\text{der Energiesatz} \quad v \, \mathrm{d}v + \mathrm{d}h = 0 \quad \rightarrow \quad v \, \mathrm{d}v = -c_p \, \mathrm{d}T \qquad (4.128)$$

$$\text{und die thermische Zustandsgl. idealer Gase} \quad \frac{\mathrm{d}T}{T} = \frac{\mathrm{d}p}{p} - \frac{\mathrm{d}\rho}{\rho} \qquad (4.129)$$

längs der Stromlinie eine isentrope Zustandsänderung bedingen. Denn setzt man Gl.(4.129) in Gl.(4.128) ein

$$\frac{v}{T}\mathrm{d}v = -c_p\frac{\mathrm{d}p}{p} + c_p\frac{\mathrm{d}\rho}{\rho}$$

und diese Gleichung wiederum in Gl.(4.127), so folgt unmittelbar mit $T\rho = p/R$

$$R\frac{\mathrm{d}p}{p} = c_p\frac{\mathrm{d}p}{p} + c_p\frac{\mathrm{d}\rho}{\rho} \quad \text{oder} \quad \frac{\mathrm{d}p}{p} = \varkappa\frac{\mathrm{d}\rho}{\rho} \rightarrow \frac{p}{\rho^\varkappa} = \text{const}$$

die Gleichung der Isentrope.

Schließlich verweisen wir darauf, daß der Energiesatz (4.126) unter der Voraussetzung adiabater Zustandsänderung hergeleitet wurde, während wir das Integral der Euler-Gl.(4.31) unter der Voraussetzung einer isentropen Zustandsänderung (also ohne Reibung) integrierten. Da beide Gleichungen aber identisch sind, gelten sie für isentrope und adiabate Zustandsänderungen längs einer Stromlinie.

4.5.1.1 Temperatur im Staupunkt eines angeblasenen Körpers

Ein stumpfer Körper wird von einem Luft-Unterschallstrom $Ma = v_\infty/c_\infty < 1$ angeblasen, Bild 50. Der Aufstau der Luft auf der Staustromlinie erfolgt in guter Näherung isentrop. Die gesuchte Temperatur T_0 im Staupunkt ($v = 0$) erhalten wir sofort aus dem Energiesatz (4.126), angewandt auf der Staustromlinie

$$\frac{v_\infty^2}{2} + c_p T_\infty = c_p T_0 \quad \rightarrow \quad T_0 = T_\infty + \frac{v_\infty^2}{2\,c_p}. \tag{4.130}$$

Gl.(4.130) stellt man vorteilhaft dimensionslos dar. Wir erweitern den zweiten Term auf der rechten Seite mit der Schallgeschwindigkeit der Zuströmung $c_\infty^2 = \varkappa R T_\infty$ und erhalten

$$\frac{T_0}{T_\infty} = 1 + \frac{\varkappa - 1}{2} Ma_\infty^2. \tag{4.131}$$

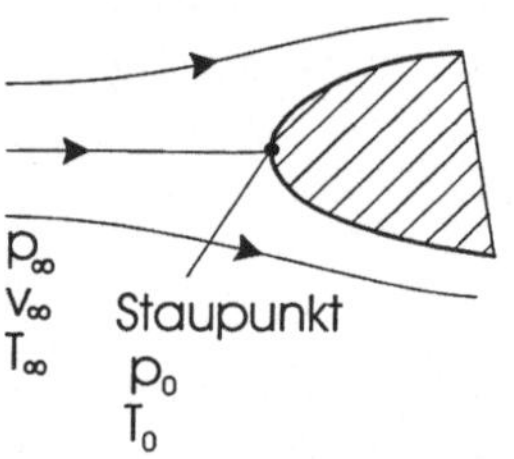

Bild 50 Angeblasener Körper

Mit der Energiegl.(4.31) bestimmen wir den Druck im Staupunkt. Die Ruhedichte ρ_0 in der Gleichung

$$\frac{v_\infty^2}{2} + \frac{\varkappa}{\varkappa - 1}\frac{p_\infty}{\rho_\infty} = \frac{\varkappa}{\varkappa - 1}\frac{p_0}{\rho_0}$$

eliminieren wir mit der Isentropen $\frac{1}{\rho_0} = \frac{1}{\rho_\infty}\left(\frac{p_\infty}{p_0}\right)^{\frac{1}{\varkappa}}$. Die kurze Rechnung ergibt mit $c_\infty^2 = \varkappa p_\infty/\rho_\infty$

$$\frac{p_0}{p_\infty} = \left(1 + \frac{\varkappa - 1}{2} Ma_\infty^2\right)^{\frac{\varkappa}{\varkappa - 1}}. \tag{4.132}$$

4.5.1.2 Der kritische Zustand

> **Definition 4.1:** *Innerhalb einer Gasströmung wird ein Zustand als kritisch bezeichnet, wenn die örtliche Strömungsgeschwindigkeit gleich der örtlichen Schallgeschwindigkeit ist. In diesem Fall ist die örtliche Mach-Zahl $Ma = 1$.*

Den kritischen Strömungszustand kennzeichnet man durch einen $\star$. Aus Gl.(4.132) folgt das kritische Druckverhältnis

$$\frac{p^\star}{p_0} = \left(\frac{2}{\kappa+1}\right)^{\frac{\kappa}{\kappa-1}} = (0.528)\,, \qquad (4.133)$$

wenn wir $Ma_\infty = 1$ setzen. Mit der Isentropen (4.29) ergeben sich das kritische Dichte- und Temperaturverhältnis:

$$\frac{\rho^\star}{\rho_0} = \left(\frac{2}{\kappa+1}\right)^{\frac{1}{\kappa-1}} = (0.634)\,, \quad \text{und} \quad \frac{T^\star}{T_0} = \frac{2}{\kappa+1} = (0.833)\,. \qquad (4.134)$$

Der Index 0 kennzeichnet im folgenden stets den Ruhe- oder Kesselzustand. Die Zahlenwerte in den Klammern stellen die entsprechenden Werte für Luft mit $\varkappa = 1.4$ dar. Mit den kritischen Größen läßt sich sofort die für die Stromfadentheorie wichtige kritische Schallgeschwindigkeit

$$c^\star = \sqrt{\frac{2\varkappa}{\kappa+1}RT_0} \qquad (4.135)$$

angeben. Die **Stromdichte** ist durch die Beziehung

$$\rho\,c = \frac{\dot{m}}{A} \qquad (4.136)$$

definiert. Erreicht die Strömung örtlich den kritischen Zustand, so nimmt die Stromdichte dort ihr Maximum an, das auf Grund der Gln.(4.134) und (4.135)

$$\rho^\star c^\star = \sqrt{\varkappa\left(\frac{2}{\varkappa+1}\right)^{\frac{\varkappa+1}{\varkappa-1}} p_0\,\rho_0} \qquad (4.137)$$

nur eine Funktion der Ruhegrößen ist. Ein besonderes Kennzeichen der kritischen Größen ist, daß sie nur vom Kesselzustand abhängen. Bleibt dieser konstant, dann ändern sich auch die kritischen Größen nicht in der Strömung. Eben aus diesem Grund ist neben der örtlichen Mach-Zahl die kritische Mach-Zahl in der Gasdynamik von großer Bedeutung.

Definition 4.2: *Die kritische Mach-Zahl $Ma^{\star} = v/c^{\star}$ ist das Verhältnis von örtlicher Strömungsgeschwindigkeit zur kritischen Schallgeschwindigkeit.*

4.5.1.3 Stromfadentheorie bei schwach veränderlichem Querschnitt

Um die Gesetzmäßigkeiten der Unter- und Überschallströmungen bei veränderlichem Stromröhrenquerschnitt näher kennenzulernen, gehen wir von der Euler-Gl.(4.127) für stationäre Strömung, der Kontinuitätsgleichung $\rho v A = \text{const}$ und der Druck-Dichte-Beziehung $\mathrm{d}p/\mathrm{d}\rho = c^2$ der isentropen Zustandsänderung aus. Indem wir die Euler-Gleichung mit der Druck-Dichte-Beziehung erweitern

$$v^2 \frac{\mathrm{d}v}{v} + \frac{\mathrm{d}p}{\mathrm{d}\rho} \frac{\mathrm{d}\rho}{\rho} = 0$$

erhalten wir die relative Dichteänderung in Abhängigkeit von der Mach-Zahl und der relativen Geschwindigkeitsänderung

$$\frac{\mathrm{d}\rho}{\rho} = -Ma^2 \frac{\mathrm{d}v}{v}. \tag{4.138}$$

Diesem Zusammenhang entnehmen wir: Ist $Ma \ll 1$ (subsonic), so ist die relative Dichteänderung sehr klein gegenüber der relativen Geschwindigkeitsänderung. Die kompressiblen und thermodynamischen Eigenschaften des Gases treten kaum in Erscheinung. Für $Ma \to 0$ verhält sich das Gas inkompressibel. Ist $Ma \approx 1$ (sonic), so hat die relative Dichteänderung die gleiche Größenordnung wie die relative Geschwindigkeitsänderung. Bei $Ma > 1$ (supersonic) überwiegt die relative Dichteänderung. Das Strömungsverhalten wird jetzt hauptsächlich von den thermodynamischen Eigenschaften des Gases geprägt.
Noch deutlicher tritt der unterschiedliche Charakter einer Unterschallströmung gegenüber einer Überschallströmung hervor, wenn wir die relative Geschwindigkeitsänderung in Abhängigkeit von der relativen Querschnittsänderung und der Mach-Zahl darstellen. Zu diesem Zweck differenzieren wir die Kontinuitätsgleichung

$$\frac{\mathrm{d}\rho}{\rho} + \frac{\mathrm{d}A}{A} + \frac{\mathrm{d}v}{v} = 0$$

und ersetzen damit die relative Dichteänderung in Gl.(4.138). Es folgt

$$\frac{\mathrm{d}v}{v} = -\frac{\frac{\mathrm{d}A}{A}}{1 - Ma^2}. \tag{4.139}$$

Betrachten wir zuerst den Fall $Ma < 1$. Die Geschwindigkeit nimmt zu ($dv > 0$),

wenn A in Strömungsrichtung abnimmt ($dA < 0$), Bild 51 a. Soll die Unterschallströmung verzögert werden ($dv < 0$), so ist das nur möglich, wenn sich

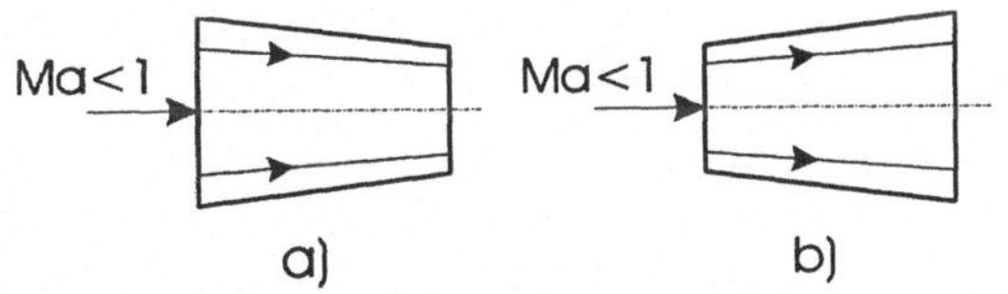

Bild 51 a) Unterschalldüse, b) Unterschalldiffusor

der Querschnitt in Strömungsrichtung vergrößert ($dA > 0$), Bild 51 b. Für $Ma = 1$ muß notwendig $dA/A = 0$ sein, damit dv/v endlich bleibt.

Wir betrachten nun den Fall $Ma > 1$. Nach Gl.(4.139) kann die Geschwindigkeit nur in einem sich erweiternden Strömungskanal zunehmen, Bild 52 a. Die Erklärung für dieses zunächst überraschende Verhalten ist in dem thermodynamischen Verhalten des Gases bei Überschall zu suchen. Da die relative Dichteänderung für $Ma > 1$ größer ist als die relative Geschwindigkeitsänderung, ist mit zunehmender Überschallgeschwindigkeit ein steigender Platzbedarf für

das sich extrem ausdehnende Gas bei Entspannung (Geschwindigkeitszunahme) erforderlich. Der Querschnitt muß demnach in Strömungsrichtung wachsen.

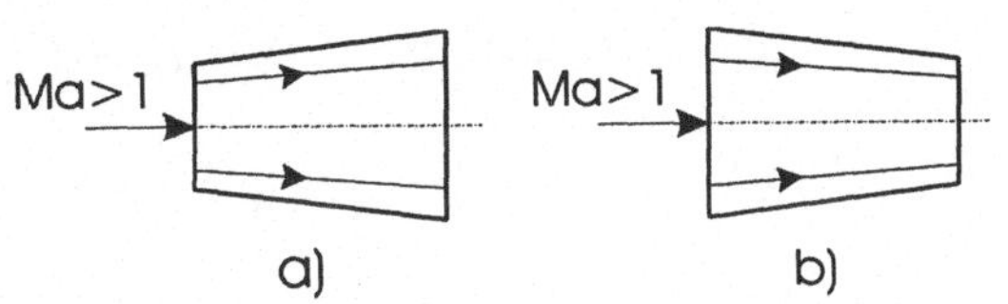

Bild 52 a) Überschalldüse, b) Überschalldiffusor

Eine Überschallströmung kann andererseits in einem sich verengenden Strömungskanal verzögert werden, Bild 52 b.

Wir kommen zu folgendem Schluß:

Um einen Unterschallstrom auf Überschallgeschwindigkeit zu beschleunigen, müssen wir, solange $Ma < 1$ ist, den Strömungskanal verengen, bis $Ma = 1$ ist. Der Ort, an dem das der Fall ist, ist die engste Stelle im Kanal, denn die Geschwindigkeit steigt nur dann weiter an, wenn sich der Querschnitt des Kanals nach der engsten Stelle erweitert. Einen derartigen Strömungskanal bezeichnet

man als Laval-Düse, Bild 53. Außer diesen Anforderungen an die Gestalt des Strömungskanals ist schließlich noch ein gewisses Druckverhältnis $\frac{p_0}{p_u}$ mit $p_0 > p^* > p_u$ erforderlich, ohne daß

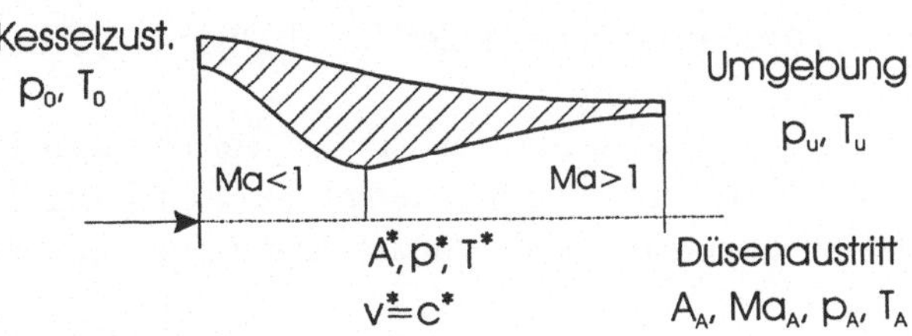

Bild 53 Laval-Düse im Halbschnitt

das Gas nicht auf Überschallgeschwindigkeit beschleunigt werden kann. Aus der Kontinuitätsgleichung $A\,\rho\,v = A^\star\,\rho^\star\,v^\star$ folgt das erforderliche Flächen- oder Stromdichteverhältnis

$$\frac{A^\star}{A} = \frac{\rho\,v}{\rho^\star\,c^\star} = \frac{\rho}{\rho^\star}Ma^\star \qquad (4.140)$$

einer Laval-Düse. Wir erweitern das Dichteverhältnis und erhalten mit Gl.(4.134)

$$\frac{\rho}{\rho^\star} = \frac{\rho_0}{\rho^\star}\frac{\rho}{\rho_0} = \left(\frac{\varkappa+1}{2}\right)^{\frac{1}{\varkappa-1}}\frac{\rho}{\rho_0}\,. \qquad (4.141)$$

Das Verhältnis $\frac{\rho}{\rho_0}$ stellen wir als Funktion der kritischen Mach-Zahl dar. Dazu setzen wir die Bernoulli-Gl.(4.31) zwischen dem Kesselzustand und einem beliebigen Strömungszustand an:

$$v^2 + \frac{2\varkappa}{\varkappa-1}\frac{p}{\rho} = \frac{2\varkappa}{\varkappa-1}\frac{p_0}{\rho_0}\,. \qquad (4.142)$$

Gl.(4.142) lösen wir nach v auf. Mit $\frac{p}{p_0} = \left(\frac{\rho}{\rho_0}\right)^\varkappa$ erhalten wir

$$v^2 = \frac{2\varkappa}{\varkappa-1}\frac{p_0}{\rho_0}\left[1-\left(\frac{\rho}{\rho_0}\right)^{\varkappa-1}\right] = \left(\frac{\varkappa+1}{\varkappa-1}\right)\frac{2\varkappa}{(\varkappa+1)}RT_0\left[1-\left(\frac{\rho}{\rho_0}\right)^{\varkappa-1}\right], \quad (4.143)$$

und mit Gl.(4.134) folgt die gesuchte Beziehung

$$\frac{\rho}{\rho_0} = \left(1 - \frac{\varkappa-1}{\varkappa+1}Ma^{2\star}\right)^{\frac{1}{\varkappa-1}}\,. \qquad (4.144)$$

Mit den Gln.(4.141) und (4.144) erhalten wir das Flächenverhältnis der Laval-Düse

$$\frac{A^\star}{A} = Ma^\star\left(\frac{1-\frac{\varkappa-1}{\varkappa+1}Ma^{\star 2}}{1-\frac{\varkappa-1}{\varkappa+1}}\right)^{\frac{1}{\varkappa-1}}\,. \qquad (4.145)$$

Der engste Querschnitt der Laval-Düse ist nur dann $A^\star$, wenn in ihm $Ma = 1$ ist. Gl.(4.145) ordnet bei festen Parametern $A^\star$ und $\varkappa$ jedem $Ma^\star$ eindeutig eine Querschnittsfläche A der Laval-Düse zu. Für $Ma^\star = 1$ wird $\frac{A^\star}{A} = 1$ und damit zum Maximum.

Auf ähnlichem Weg können wir die Beziehungen für den Druck-, den Dichte- und den Temperaturverlauf längs der Achse der Laval-Düse in Abhängigkeit von $Ma^\star$ angeben. Es gilt für isentrope Zustandsänderung:

$$\frac{p}{p_0} = \frac{1}{\left(1+\frac{\varkappa-1}{2}Ma^2\right)^{\frac{\varkappa}{\varkappa-1}}} = \left(1-\frac{\varkappa-1}{\varkappa+1}Ma^{\star 2}\right)^{\frac{\varkappa}{\varkappa-1}} = \left(\frac{T}{T_0}\right)^{\frac{\varkappa}{\varkappa-1}}, \qquad (4.146)$$

$$\frac{\rho}{\rho_0} = \frac{1}{\left(1 + \frac{\varkappa-1}{2}Ma^2\right)^{\frac{1}{\varkappa-1}}} = \left(1 - \frac{\varkappa-1}{\varkappa+1}Ma^{\star 2}\right)^{\frac{1}{\varkappa-1}} = \left(\frac{T}{T_0}\right)^{\frac{1}{\varkappa-1}}. \qquad (4.147)$$

In der Tabelle 4.1 sind demgegenüber Beziehungen zusammengestellt, die für isentrope und adiabate Zustandsänderungen gelten. In den Gleichungen ist c_0 die sogenannte Kesselschallgeschwindigkeit, d.h. die Schallgeschwindigkeit $c_0 = \sqrt{\varkappa R T_0}$, die das ruhende Gas im Kessel besitzt.

	Ma^2	$Ma^\star$	$\frac{c}{c_0}$	$\frac{T}{T_0}$
Ma^2	Ma^2	$\dfrac{Ma^{\star 2}}{1-\frac{\varkappa-1}{2}(Ma^{\star 2}-1)}$	$\frac{2}{\varkappa-1}\left[\left(\frac{c_0}{c}\right)^2 - 1\right]$	$\frac{2}{\varkappa-1}\left(\frac{T_0}{T} - 1\right)$
$Ma^{\star 2}$	$\dfrac{Ma^2}{1+\frac{\varkappa-1}{\varkappa+1}(Ma^2-1)}$	$Ma^{\star 2}$	$\frac{\varkappa+1}{\varkappa-1}\left[1 - \left(\frac{c}{c_0}\right)^2\right]$	$\frac{\varkappa+1}{\varkappa-1}\left(1 - \frac{T}{T_0}\right)$
$\frac{c}{c_0}$	$\dfrac{1}{\sqrt{1+\frac{\varkappa-1}{2}Ma^2}}$	$\sqrt{1 - \frac{\varkappa-1}{\varkappa+1}Ma^{\star 2}}$	$\frac{c}{c_0}$	$\sqrt{\frac{T}{T_0}}$
$\frac{T}{T_0}$	$\dfrac{1}{1+\frac{\varkappa-1}{2}Ma^2}$	$1 - \frac{\varkappa-1}{\varkappa+1}Ma^{\star 2}$	$\left(\frac{c}{c_0}\right)^2$	$\frac{T}{T_0}$

Tabelle 4.1 Adiabate Zustandsänderung perfekter Gase

Die Ausführungen im Abschnitt 4.5.1 beziehen sich auf einfache, grundlegende Zusammenhänge der gasdynamischen Fadenströmung. Nicht näher gehen wir im Rahmen dieser Starthilfe auf mögliche Strömungszustände in der Laval-Düse, auf den unstetigen Übergang einer Überschallströmung $(Ma > 1)$ auf eine Unterschallströmung $(Ma < 1)$ in Gestalt des senkrechten Verdichtungsstoßes und auf gasdynamische Strömungsvorgänge mit Wärmeübergang ein. Auf diese und weitere interessante Zusammenhänge verweisen wir auf die einschlägige Literatur [Al88, FD94, Sp89, Tr89].

Literatur

[AS84] Abramowitz, M.; Stegun, A.: *Handbook of Mathematical Functions.* Berlin: Verlag Harri Deutsch 1984.

[Al88] Albring, W.: *Angewandte Strömungslehre.* Berlin: Akademie-Verlag 1988.

[BB75] Becker, E.; Bürger W.: *Kontinuumsmechanik.* Stuttgart: Teubner-Verlag 1975.

[BP95] Becker, E.; Piltz, E.: *Übungen zur Technischen Strömungslehre.* Stuttgart: Teubner-Verlag 1995.

[Be93] Becker, E.: *Technische Strömungslehre.* Stuttgart: Teubner-Verlag 1993.

[Bö81] Böhme, G.: *Strömungsmechanik nicht-newtonscher Fluide.* Stuttgart: Teubner-Verlag 1981.

[FD94] Fox, R.W.; McDonald, A.T.: *Introduction to Fluid Mechanics.* New York: John Wiley & Sons 1994.

[GH92] Gersten, K.; Herwig H.: *Strömungsmechanik.* Vieweg 1992.

[Ha72] Hackeschmidt, M.: *Strömungstechnik Ähnlichkeit Analogie Modelle.* Leipzig: Deutscher Verlag für Grundstoffindustrie 1972.

[Ib97] Iben, H.K.: *Strömungslehre in Fragen und Aufgaben.* Leipzig: Teubner-Verlag 1997.

[Ib95] Iben, H.K.: *Zur Berechnung der stationären hydrodynamischen Strömung in Rohrleitungsnetzen.* Beiträge zu Fluidenergiemaschinen, Bd.2. Sulzbach: Verlag und Bildarchiv W.H. Faragallah 1995.

[Ib95] Iben, H.K.: *Tensorrechnung.* Leipzig: Teubner-Verlag 1995, 2.Aufl. 1999.

[IS99] Iben, H.K.; Schmidt, J.: *Starthilfe Thermodynamik.* Stuttgart: Teubner-Verlag 1999.

[MO94] Munson, B.R.; Young, D.F.; Okiisihi, T. H.: *Fundamentals of Fluid Mechanics.* New York: John Wiley 1994.

[SG96] Schlichting, H.; Gersten, K.: *Grenzschicht-Theorie.* Berlin: Springer-Verlag 1996.

[Sp89] Spurk, J.H.: *Strömungslehre.* Berlin: Springer-Verlag 1989.

[Sp94] Spurk, J.H.: *Aufgaben zur Strömungslehre.* Berlin: Springer-Verlag 1994.

[Tr89] Truckenbrodt, E.: *Fluidmechanik.* Bd. 1,2. Berlin: Springer-Verlag 1989.

[WM94] Wenzel, H.; Meinhold, P.: *Gewöhnliche Differentialgleichungen.* Leipzig: Teubner-Verlag 1994.

[Ze96] Zeidler, E.: *TEUBNER-TASCHENBUCH der Mathematik.* Leipzig: Teubner-Verlag 1996.

Sachregister

Vetters
Formeln
und Fakten

Von Dr. Klaus Vetters
Technische Universität Dresden

2., neubearbeitete Auflage. 1998.
140 Seiten mit 83 Bildern.
16,2 x 22,9 cm.
(Mathematik für Ingenieure
und Naturwissenschaftler)
Kart. DM 19,80
ÖS 145,– / SFr 18,–
ISBN 3-519-00207-8

Studierenden an Universitäten und Fachhochschulen, die mit der Mathematik konfrontiert sind, wird hier ein handliches Buch zur Verfügung gestellt, das neben grundlegenden mathematischen Formeln auch zentrale Definitionen und Sätze enthält. Dieser Band »Formeln und Fakten« ist auf die Anforderungen des Grundstudiums in ingenieur- und naturwissenschaftlichen Studiengängen ausgerichtet; er eignet sich aber auch als ständiger Begleiter in der beruflichen Praxis. Die thematische Breite reicht von der Analysis über Geometrie und Lineare Algebra bis zur Optimierung, Stochastik und Numerik. In dieser zweiten, neubearbeiteten Auflage wurden inhaltliche Ergänzungen und Druckfehlerberichtigungen vorgenommen.

Preisänderungen vorbehalten.

B. G. Teubner Stuttgart · Leipzig

Dankert
Praxis der
C-Programmierung

**für UNIX, DOS und
MS-Windows 3.1/95/NT**

Von Prof. Dr.-Ing. habil.
Jürgen Dankert
Fachhochschule Hamburg

1997. 278 Seiten.
16,2 x 22,9 cm.
(Informatik & Praxis)
Kart. DM 44,80
ÖS 327,– / SFr 40,–
ISBN 3-519-02994-4

Das Buch wendet sich sowohl an Studenten aller Fachrichtungen, in denen die C-Programmierung behandelt wird als auch an Praktiker, die Programmierkenntnisse im Selbststudium erwerben bzw. vertiefen wollen.

Der Anfänger erlangt beim Durcharbeiten der Beispiel-Programme relativ schnell die Fähigkeiten, eigene Programme zu schreiben. Die strengen Regeln einer höheren Programmiersprache stehen dabei zunächst nicht im Mittelpunkt, obwohl sie zwangsläufig beachtet werden müssen. Anhand der ausführlichen Beispiele, an denen Sinn, Zweck und Auswirkung einer Programm-Konstruktion verdeutlicht werden, wird dem Leser dann die komplette Information darüber zugänglich gemacht.

Der Leser, der Vorkenntnisse besitzt, kann sehr schnell zu den anspruchsvolleren Kapiteln vordringen. File-Operationen, dynamische Speicherplatzverwaltung, Arbeiten mit verketteten Listen und binären Bäumen, rekursive Programmierung, betriebssystemspezifische Operationen und eine Einführung in die Windows-Programmierung sind die Themen, die für ein effektives Arbeiten mit der Sprache C besonders interessant sind.

Aus dem Inhalt
Betriebssysteme, Programmiersprachen – Hilfsmittel für die C-Programmierung – Grundlagen der Programmiersprache C – Arbeiten mit Libraries – Fortgeschrittene Programmiertechniken – File-Operationen und Speicherplatzverwaltung – Strukturen, verkettete Listen – Rekursionen, Baumstrukturen, Dateisysteme – Grundlagen der Windows-Programmierung – Ressourcen – C vertiefen oder C++ lernen? – Anhang A: Ein Blick in die Speicherzellen – Anhang B: »Stack« und »Heap«

Preisänderungen vorbehalten.

B. G. Teubner Stuttgart · Leipzig